网站情感化设计

钱　默　主编

清華大学出版社
北 京

内 容 简 介

本书以唐纳德·A.诺曼的情感化设计三层次理论为依据,结合众多案例介绍了以用户情感为中心的网站情感化设计的理念、方法与技巧。全书共分十章,主要包括网站的版式、色彩和装饰元素的情感化设计;网站交互情感化设计的基本原则,以及网站交互元素、交互动效、基于用户心智模型的情感化设计;如何引发用户的情感共鸣、加深用户的情感印象及获得峰值体验的情感化设计。作为一部理论与实践相结合的网站情感化设计的著作,全书内容丰富、图文并茂、专业性强、覆盖面广,网页设计师可以从中学到各种相关知识点与技巧,学会打造一个个令人赏心悦目的网站,掌握提升网站品牌形象和商业价值的方法。

本书既可以作为高校数字媒体艺术设计、产品设计、计算机技术、心理学等专业的师生进行网站情感化设计的参考书,也可以作为网站设计初学者和爱好者进行互联网品牌形象设计、宣传和营销的工具书。

图书在版编目(CIP)数据

网站情感化设计 / 钱默主编. —北京:清华大学出版社,2023.8
ISBN 978-7-302-64104-9

Ⅰ.①网… Ⅱ.①钱… Ⅲ.①网站—设计 Ⅳ.①TP393.092.2

中国国家版本馆CIP数据核字(2023)第131192号

责任编辑:孟 攀
封面设计:杨玉兰
责任校对:周剑云
责任印制:杨 艳

出版发行:清华大学出版社

网　　　址:http://www.tup.com.cn,http://www.wqbook.com
地　　　址:北京清华大学学研大厦A座　　邮　　编:100084
社 总 机:010-83470000　　　　　　　　邮　　购:010-62786544
投稿与读者服务:010-62776969,c-service@tup.tsinghua.edu.cn
质量反馈:010-62772015,zhiliang@tup.tsinghua.edu.cn
课件下载:http://www.tup.com.cn,010-62791865

印 装 者:河北华商印刷有限公司
经　　销:全国新华书店
开　　本:185mm×260mm　印　张:13.75　字　数:331千字
版　　次:2023年8月第1版　　　　　印　次:2023年8月第1次印刷
定　　价:59.00元

产品编号:097328-01

通常而言，情感总是与逻辑、理性相对立，但是，代表着标准化生产的"工业化产物"如果拥有了情感和情绪，则更容易受到消费者的欢迎和推崇。20世纪后，大规模生产几乎渗透到每个行业，其中有明显的情感化设计趋势。如大众甲壳虫汽车，它的外形像可爱的"脸"，仿佛在冲我们微笑，它圆润的线条表达出友好、欢乐的态度，让每一个用户都很容易地与之产生情感联系。当下，不仅仅是工业产品，各种互联网产品都希望能与用户建立情感上的联系，为用户带来身心上的愉悦。

情感化设计，最早出自美国认知心理学家唐纳德·A.诺曼的同名著作《情感化设计》（*Emotional Design*），该书阐述了情感在设计中所具有的重要地位和作用。书中诺曼由浅入深地将情感化设计分成了三个层次：本能层、行为层、反思层。诺曼认为："将情感融入产品设计，将解决设计师们的长期困扰，即产品的实用性和视觉性的主要矛盾。"情感化设计是一种以关注用户内心情感诉求为中心的设计理念，其首要目标是促进人与人之间的交流，情感化设计可以使用户从生理、心理和精神理想方面享受到产品带来的价值。

当我们看到鲜艳的花朵、璀璨的烟花时，总是忍不住赞叹"真漂亮！"这就是基于人类天生的情感而作出自然的、潜意识的反应。人类对于美好的事物，总是本能地接受并且产生好感，本能层次是先于思考和逻辑判断的，它是用户对产品的视觉和第一印象的直接反应。本能层次的设计就是感官层面的设计，通过对外观、色彩、声音、材质、气味等多个方面进行设计，把控外在的优秀品质，良好的本能层设计可以刺激用户本能的感官反应，让用户感到愉悦和兴奋。网站本能层次的设计，关乎网页的版式设计、色彩搭配、装饰元素等视觉界面效果是否美观，能否让用户打开网站的第一眼就被吸引。

本能层次的设计决定产品能否给受众带来良好的第一印象，而这样的印象能否继续，关键就在于行为层次的设计。行为层次的设计是一种极其含蓄和理性的情感化设计方式。网站行为层次的设计关注的是交互过程的使用效率和使用体验，它需要遵循交互设计的基本原则，要求网站交互设计满足功能性原则、易理解性原则、易用性原则、感受性原则。网站行为层次的设计决定用户能否产生继续浏览的欲望，强调如何使用交互元素为用户作出最合理、最简洁、最清晰的使用指导，并运用丰富的交互动效让网站的互动变得更加愉悦，凸显交互过程中用户的主体地位，将用户的生理感受、心理感受和网站的特点有机地联系起来。

反思层次是意识对于客观事物的反应，是人类的最高层次的情感。这与马斯洛需求层次理论中，人类的最高需求也就是自我实现的需求是相通的。反思层次的设计可以让用户与网站之间建立长久的情感纽带，帮助网站提高用户的忠诚度，出色的反思层次设计可以让网站与用户产生情感交流。网站反思层次是用户的情感反思与共鸣，体现在网站的感官记忆和行为记忆在用户心中根植下的深刻印象，使用户因为网站的内涵、趣味等因素触发情感的共鸣，可以通过"个性化"设计、"惊喜感"设计、"成就感"设计让用户达到情感体验的峰值，使用户产生有意识的考虑和基于经验的反思，从而让用户得到最高水平的情感体验。

　　情感化设计的三个层次是相互作用的，在满足了本能层次之后，就会出现行为层次的互动，进而再促成反思层次的思考，在网站设计中应当注意三个层次的相互作用、相互影响、相互平衡。每个网站都有自己的情感表达方式，如政府网站严肃庄重，娱乐网站活泼轻松，生活服务类网站贴近生活。本书将带着对"人"的关怀去思考网站的情感化设计，同时结合不同国家的优秀设计案例，去分析如何做好网站情感化设计，通过多种设计手段和设计思维与用户建立情感连接，运用整体逻辑、全局思维打造出令人身心愉悦的网站。

　　由于编者水平有限，书中难免存在疏漏和不足之处，敬请广大读者批评指正。

编　者

目录

第1章

网站版式的情感化设计

　　网站版式的情感化设计是指设计师通过对网页的文字、图片等信息进行合理布局，呈现干净整洁、生动活泼或者庄重大气等不同的情感印象，从而提升版面美感和信息传达的效率。网站版式设计是网站风格的具体体现，是网站情感化设计的第一步。虽然网站版式设计与计算机硬件系统关系密切，网站的页面尺寸、网站图片格式、字体等都受到计算机硬件的限制，但是网站版式设计不应仅从计算机技术角度出发，还应该考虑情感的表达，根据不同网站的内容，用艺术化的手段，在有限的版式空间内，利用文字、图形、视频和色彩等元素进行组合，将网站的意图和思想表达出来，让用户产生视觉与精神上的共鸣。本章将在网页版式合理性设计的基础上，探索如何灵活运用版式设计技巧来表达不同的情感态度，让网页设计更具情感魅力与审美意义。

1.1　网站版式设计的尺寸

网站版式的情感化设计的前提是了解网站版式设计的尺寸，只有明确网页尺寸，才能进行合理的布局。平面设计中的长宽比例是相对固定的，但是网页设计却没有固定的长宽比例，设计师可以自行确定网页的尺寸，还可以根据创作的需求，让网页处于浏览器中央，或是铺满全屏。如图1–1所示，网站首页长宽固定，无须下拉进行浏览，内容较少的网页适合这种方式，显得简约大气。如图1–2所示，网站首页尺寸较大，长度较长，需要下拉才能浏览整个网页，内容较多的网页适合这种方式，显得丰富完整。总体来看，网页设计的尺寸是比较自由的。

图1–1　长宽固定不下拉的设计（选自王芳作品）

虽然网页版式设计的尺寸相对自由，但还会受到用户使用习惯的限制。一般情况下，网站的logo会设计在网页上方；导航通常在网页顶部或左侧，中文导航通常以四个汉字命名，可以点击的超链接颜色要与不可点击的相区分；版权信息要放在页面最底部……这些都是用户长期浏览网站所形成的使用习惯。一些打破用户习惯方式的版式设计，可能会受到一部分用户的喜爱，但也可能会有不少反对的声音。特别是商业网站的版式设计，应当以"高效"为首要原则，让用户能够在最短的时间里找到想要的信息，将"高效"作为衡量网站优劣的标准，可以缩短用户查找信息的时间，提高查看网页的效率，将网站版式设计为符合用户"高效"阅读、检索信息的方式，可以提高网站的易用性。当然，版式设计并不是网页视觉设计的全部，即便是遵循传统的版式设计方式，设计师还可以通过图形、文字、色彩等其他元素进行协调，将网页设计得更加丰富多彩。如图1–3所示，该设计遵守传统的版式设计方式，将标志logo放置在左上方，导航放在网站右上方，但搭配了具备视觉冲击力的红色摄影图片和灵动的图标设计，从而达到赏心悦目的效果。

图1-2　尺寸较大需下拉的设计（选自李亚银作品）

图1-3　视觉冲击力强的设计

网站首屏的重要性不言而喻，所以首屏的版式设计十分关键。所谓首屏，就是指我们打开一个网站页面，在不拖拽滚动条(浏览器窗口)的情况下能够看到的部分。如今计算机显示器屏幕非常大，对浏览器窗口没有特别的限制。如图1-4所示，srceenresolution.org网站在线统计的2021年用户屏幕分辨率统计报告中排名的前十位，其中占比最多的分辨率是1920×1080px。

	分辨率	%	直方图
1	1920x1080 16:9 HD 1080	21.26%	
2	1366x768 HD	9.21%	
3	1536x864	6.93%	
4	1440x900 8:5 WSXGA	4.80%	
5	800x600 4:3 SVGA	4.21%	
6	2560x1440	3.84%	
7	1280x720 16:9 HD 720	3.16%	
8	1600x900 16:9 HD+ 900p	2.39%	
9	1024x768 4:3 XVGA	2.35%	
10	1680x1050 8:5 WSXGA+	2.34%	

图1-4　主流屏幕分辨率统计图

网页版式设计的尺寸只需顾及主流用户的分辨率，其他分辨率用适配的方式来解决。我们还可以参考最新版Photoshop中，新建网站页面的预设尺寸：常见尺寸（1366×768px）、大网页（1920×1080px）、最小尺寸（1024×768px）、Macbook Pro13（2560×1600px）、MacBook Pro15（2880×1800px）、iMac 27

（2560×1440px）等。以上都是主流尺寸，建议设计师按分辨率1920x1080px来设计，如图1-5所示，通常我们在设计网站时将网页宽度设为1920px，每个网页屏幕的高度约为900px。为什么是900px呢？因为1080px还要减去浏览器顶部和底部的高度，大约就是900px了。版心也就是内容安全区域宽度为1200px（或1000px至1400px），以这个尺寸来设计相对标准。当然在设计网页前需要与前端设计师沟通设计尺寸，因为对于适配的方式和后续配合他们更有发言权。

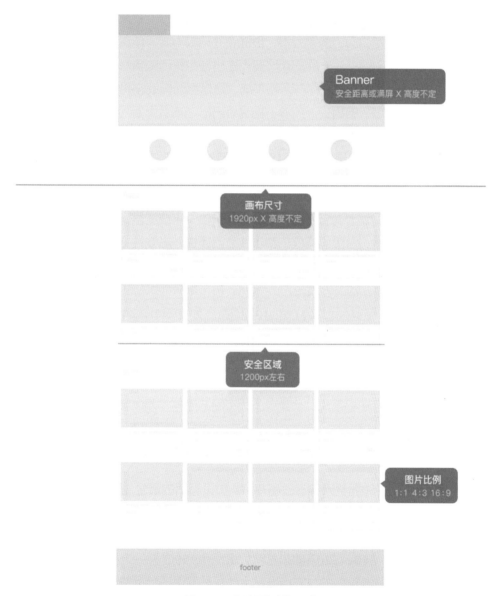

图1-5　主流网页的尺寸

　　随着移动互联网的普及，一些网站必须要运用响应式的设计，以适应电脑版、手机版和平板电脑版这三个版本的页面尺寸。由于网页尺寸与用户屏幕息息相关，而用户屏幕的尺寸多达上千种，但我们必须保证使用电脑、手机或者平板电脑去浏览网站时都能有较好的体验，这就需要我们进行网站的自适应或响应式布局了。响应式与自适应的原理比较相似，都是通过代码检测设备屏幕宽度，根据不同的设备加载不同的CSS样式，这需要设计师和前端工程师共同完成。

1.2 网站布局的情感化设计

网站的布局常常决定页面的情感节奏，页面布局构成不同，传递的情绪就不同。紧凑的布局能传递出热闹活泼的情感，舒展的布局能传递出轻松灵动的情感。网站的布局通常运用到栅格系统（Grid System），又称为网格系统，这是平面构成中骨架的概念，栅格系统在纸质媒体中的应用有着悠久的历史。如今，栅格系统已经被运用到网站中，它以规则的网格阵列来指导和规范网站布局和信息分布。在网站设计中使用栅格系统可以让网站的信息更加美观易读，对于网站前端开发来说，还可以让网站开发更加便捷和规范。

1. 栅格系统的公式

栅格系统将平面空间划分为若干区域，形成一个由水平线和垂直线组成的框架，这些线决定了网页各元素的位置，为版面构成的科学性、严谨性、高效性提供了极大的方便。如图1-6所示，我们把网页整体宽度定义为flowline，然后整个宽度分成多个等分列column，列与列之间的空隙为gutter，网页外边距为margin。再将flowline的总宽度标记为W，column的宽度标记为c，gutter宽度标记为g，margin的宽度标记为m，column的个数标记为N，我们可以得到以下公式：$W = c \times N + g \times (N - 1) + 2 \times m$。一般来说，gutter的宽度是margin的两倍，上面的公式可以简化为：$W = c \times N + g \times (N - 1) + g = (c + g) \times N$。将c+g标记为C，公式变得非常简单：$W = C \times N$。这个简单的公式就是栅格化的基础。虽然很多网站并没有严格执行栅格系统，但是对于大型网站而言，网站版式的栅格化将是一种潮流和趋势。

2. 灵活的960栅格系统

网页中最常用的是960栅格系统，是多年来网页设计师的最爱,被用来搭建网站和设计网页布局。为什么是960呢？前面我们讲到，主流显示器至少支持1024×768px分辨率。960可以被2、3、4、5、6、8、10、12、15、16、20、24、30、32、40、48、60、64、80、96、120、160、192、240、320和480整除，这使得960成为一个能被灵活运用的数字。所以960栅格系统无疑是非常好的，它可以灵活地帮助网页设计师快速地构造以下栏栅数目的布局原型：9×3、3×3×3、4×4×4×4等，12栏×80像素，16栏×60像素，24栏×40像素。目前，很多网站和设计模板都使用960栅格系统进行设计，如新浪、网易、搜狐等。表1-1为不同网页宽度下栏数、栏宽、间隔的参考。

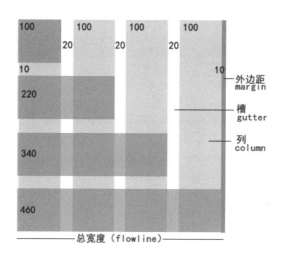

图1-6　栅格系统演示

表1-1　不同网页宽度下的栅格

宽度1000px	宽度990px	宽度980px
20 列每列 40px 和 10px 间隔	11 列每列 80px 和 10px 间隔	14 列每列 60px 和 10px 间隔
20 列每列 30px 和 20px 间隔	18 列每列 35px 和 20px 间隔	14 列每列 50px 和 20px 间隔
25 列每列 30px 和 10px 间隔	25 列每列 45px 和 10px 间隔	28 列每列 25px 和 10px 间隔
25 列每列 20px 和 20px 间隔	33 列每列 20px 和 10px 间隔	

3. 栅格系统的情感表达

网格的数量与网站的主题有着极为密切的关系，设计师可以根据网站的主题来确定栅格系统的风格和情感表达。

（1）理性感。由于栅格系统的基本形式是垂直与水平线，用它来合理排列内容，能更快地解决设计中的问题，让页面更具规则性、逻辑性和视觉美感。一般在新闻、经济、科技等主题的网站上使用较为理性、严肃的版面设计，多采用对称式栅格系统设计。如图1-7所示，整个页面设计规则感较强，设计师运用栅格系统更好地驾驭了复杂的内容，产生了均匀化的布局，让整个网站各个页面的布局保持一致。

（2）活跃感。栅格系统虽然是由水平线和垂直线构成，但并不意味着它只能打造理性感的页面布局，通过复合栅格系统设计，可以在娱乐性、运动性、创意性的主题上使用活跃的版面设计。如图1-8所示，网站在规整的栅格系统中增加了圆弧形的排版，产生了活跃、轻快的气氛。

（3）简约感。简约感是栅格系统规范化的集中体现。如图1-9所示，网站版式设计采用了栅格系统，规范的布局、浅色的色彩传递出了简约、平静、友好的情感氛围，提高了用户对该品牌的认可度。

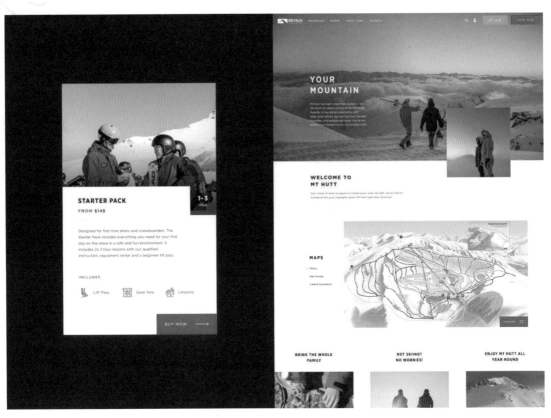

图1-7 具有理性感的栅格系统设计

图1-8 具有活跃感的栅格系统设计

图1-9　具有简约感的栅格系统设计

1.3　网站视觉要素的情感化设计

作为传播信息的载体，常见的网页视觉要素主要包含文字、图片、动画、视频等。对网站版式设计中的视觉要素进行设计，能让网站外观赏心悦目，更容易与用户产生情感共鸣。不同风格的视觉要素设计，能让用户在浏览过程中体会到不同的情感。本章围绕版式设计进行讲解，将主要探讨文字和图片的情感化设计，图形、动画、视频将作为装饰元素在之后的章节中讲解。

1. 文字的情感化设计

文字是最准确的信息沟通方式，是能直接表达意图的媒介。对于绝大多数网站来说，文字是网站的重要构成元素，但网站文字的情感化设计却容易被忽略。当用户在阅读文字信息时，情感状态会随着字体外在形态与内在蕴意的互相关联而产生一系列的波动，这就是文字带来的情感化体现。从可读性上来看，网站文字的情感化设计有助于向用户准确表达网站内容，增加传递信息的明确性；从美观性上看，网站文字的情感化设计有利于体现网站主题、强化网站风格，可通过文字形态的节奏与韵律带给人美感。设计师可以从文字的字体、字号、行距进行情感化设计，这三个方面直接影响着网站页面的"可读性"和"美观性"，关系到用户在浏览网站时能否感到轻松愉快。

（1）字体具有个性。字体跟人一样具有不同的风格，不同的字体有着其独特的视觉特点和情感内涵。当前大部分用户的电脑操作系统都是Windows系统，该系统自带的4种中文字体：宋体、黑体、楷体(GB2312)、仿宋(GB2312)，另外还有40多种英文字体。网页显示的中文字体通常分为：黑体、宋体、书法体。网页标题通常使用黑体，黑体字醒目，笔画粗细均匀，形态浑厚有力、现代简约。网页正文通常使用宋体，宋体字较为灵秀，笔画粗细适中、疏密布局合理，久读不易疲劳，并且宋体字是网页在字体缺失时默认显示字体，所以宋体字使用最为广泛。书法体包含楷体、隶属、仿宋等字体，在网页上的应用相对较少。

网页上使用的英文字体按其结构可归纳为衬线体、无衬线体、装饰体和手写体。衬线体使用衬线，典型的衬线字体是"Times New Roman"，这种字体带有"边角"装饰，粗细变化较大，有古典文艺感，适合用于篇幅较长的文本。如图1-10所示，网站以衬线字体为主进行设计，展现出优雅、精致、细腻的感觉。无衬线体不使用衬线，典型的无衬线字体是"Helvetica"，这种字体棱角分明，笔画末端没有装饰性部分，笔画粗细均匀、清晰醒目、时尚大方，字形更容易与显示屏的像素相匹配，因而具有较好的易读性，不少设计师总是担心粗壮的字体会显得笨拙、粗俗、廉价，但是在合适的主题下，简洁的排版搭配大胆的配色，使用醒目粗大的字体反而具有强烈的视觉冲击力。如图1-11所示，网站使用的大写加粗的无衬线字体仿佛在大声地吼叫着："快来看我啊！"需要留意的是，无衬线字体更适合用于网页上的标题和导航文字等简短的文字段，因为无衬线体作为大面积小字号显示的时候，易读性不如衬线字体，容易引起视觉疲劳。

图1-10　以衬线字体为主的设计

图1-11　以无衬线字体为主的设计

　　作为设计师必须了解网页上文字字体的显示原理，网站上面的文字是通过前端工程师写在代码里的，这些文字在浏览器上的渲染效果与系统和浏览器有关，像Mac OS系统和Windows系统的字体渲染显示效果就有所不同。字体显示在网站界面上的过程，其实是计算机浏览器加载网页的CSS代码后进行解析并渲染的过程。当计算机解析到对应的字体时，就会在用户计算机的字库中查找该字体，只有找到了相应的字体文件，才会对该文字的样式进行渲染，显示出相应的文字效果。一旦计算机检测到用户的字库中，没有安装网页CSS代码中定义的那种字体，就无法渲染出那些文字效果，这时候计算机就会默认使用标准的字体来代替显示，所有浏览器默认的标准字体，中文是宋体，英文是"Verdana""Arial""Times New Roman"等字体。在网页版式设计中，设计师往往会根据不同的主题、内容及表达需求，结合不同的字体属性和风格，选择适合网页的字体，但这样的字体很可能是用户字库里没有的字体，不能确保这样的字体在用户的界面上能正常显示。为避免这种情况的出现，设计师可以把文字转换成图片的形式，赋予文字表意功能，如果想要让网页标题更吸引人，还可以将标题的文字图形化处理，通过艺术加工来突出主题，将标题以图片的方式置入到网页CSS代码中，以保证所有用户看到的效果与原先设计的理想效果相同。

（2）字号大小体现情感的强弱。字号是区分文字大小的衡量标准，网页上文字的大小不仅影响着信息的识别性，同时文字的大小也可以呈现不同的情感，是用户体验的重要组成部分。合理大小的字号会让用户使用时心情舒畅，虽然现在的浏览器已经能够方便地缩放页面，但网页设计师还是应该根据绝大多数用户的使用习惯，为文字设置合适的字号。设计网页文字时，最常使用的字号单位是点制（pt），也被称为磅制，还有像素（px）这种单位。网页上最常用的正文字号是9磅，但是在网页制作中CSS代码一般都是用像素表达字号，最常用的网页正文字号是12px，12px的字能够在不同的分辨率下达到较为舒适的显示效果，像中文网站中的搜狐、新浪等门户网站的内文字体字号大多为12px或14px。网页的显示区域决定了文字不可以过大，在网站设计中我们的文字大小一般来说是12~20px，并且奇数的文字表现和适配都不好做，设计师必须使用偶数的字号来设计。屏幕文字字号的大小与显示屏尺寸屏幕的分辨率以及浏览器的差异是密切相关的，文字字号的使用准则为屏幕分辨率越高，字号越小。尽量不要在网页正文中使用小于12px字号的中文字体，不然大篇幅的文字会增加眼睛的疲劳感。对于现存的多种不同大小的屏幕分辨率，基本遵循屏幕横向分辨率在1100px以下的采用14px，1100~1500px的采用16px，1500px以上采用18px的换算方法进行字号的选择。

不同大小的字号不仅识别性不一样，还会传递出不同的情感，大的字号代表着自信、强大、高调的情感，小的字号代表着精细、小巧、低调的情感。视觉上可以把想强调的字号加大，把想要弱化的字号缩小，还可以设置不同的字体、颜色强化这种对比。如图1-12所示，网站首屏将工作室名称进行解构，用极大的文字字号进行图形化的展示，配合轻微的动画效果，该网站没有图片，仅用文字就传递出极简的现代设计风格，让人印象深刻。

（3）字距行距影响阅读流畅感。当用户在网页上阅读大段文字时，容易感到视觉疲劳。文字与网页的节奏、阅读的流畅程度等息息相关的，文字的字距和行距是决定网页流畅感的重要因素，网页上的文字字距过大或者过小都会影响用户阅读体验。字距的大小应当根据字体的结构进行灵活处理，比如设计中文字体时，像楷体、仿宋体等这样四边占用率小的文字，字距可以相应较小，字距过宽则会分散注意力干扰阅读；反之，对于黑体、等线体这类四边空间占用率高的字体，为避免拥挤密集，应该适度拉大字距，让用户感觉到舒适。网页上的正文通常默认采用宋体，字距也采用相应的"标准字距"，设计师应当根据实际网页版面的需求，结合内容、主题、表现风格等对字距进行调整。

图1-12　以字号大小体现情感的设计

　　行距就是上一行文字的顶端到下一行文字的顶端之间的距离，行距是决定阅读节奏的重要因素。行距过小，会让网页文字看起来过于紧密；行距过大，则会影响用户阅读的连续性和流畅性。按照惯例，行距的设定一般是字高的1.25倍至2倍，行距的宽或窄，常常会影响网页传递的情感。但是设定文字的行距并非一成不变，设计师应当根据文字的内容、功能、表达的情感、视觉意义进行分析和具体处理。如果是信息量小的内容想要表现轻松、休闲的情绪，可以借鉴"诗歌"的排版方式，缩短每一行的长度，加大行距。通常网页里每一行中文字数不能超过35个字，否则容易让用户感到疲劳。如果文字量很大，就应该调整网页的版心宽度，并且将文字进行分栏处理，提升阅读的舒适度。文字的行距应当根据网站信息量和网站风格进行合理的调整。像新闻网站或者门户网站这种信息量较大的网站，应当传递出简洁、高效的感觉，确保用户能快速浏览信息，选择较为整齐、统一的文字排版方式，大段文字开头不空格，采用"齐头并进"的排版方式，增加段落间的距离，这样可以增强版面的秩序感，让文字阅读更加舒适，如图1-13所示。

图1-13 阅读舒适的字号和行距

2. 图片的情感化设计

网页中常常会使用图片，图片包含的信息量远大于文字，作为比文字更为直观的信息类型，图片的情绪感染力更强烈，可能会让人产生波澜壮阔之感，也可能会让人产生细腻微妙之感，给用户带来不同的心理变化。当下，很多打动人心的网站设计都是通过优秀的图片设计取得成功的，图片的情感化设计可以从以下三个方面着手。

（1）挑选更有吸引力的图片素材。在一系列图片素材中，我们如何为网站挑选吸引用户的照片呢？如图1-14、图1-15所示，我们可以运用3B原则，即孩童（baby）、动物（beast）、美女（beauty），众所周知，可爱的小孩让人喜欢，憨态可掬的动物让人难忘，漂亮的女性让人印象深刻。除3B原则以外，我们还可以多挑选视觉度高的图片，如特写、遮挡、放射、对比强烈的图片。

图1-14 3B原则示意图

图1-15　3B原则在网页中的运用

（2）图片裁切和比例决定情感倾向。在选择好图片之后，我们需要考虑合适的图片比例，以人物照片的情感表现为例，一般面部大的图片体现理想、抱负、信念，多用于商业、教育等行业；面部小的图片通常展示人物整体的状态、动作，多用于工业、农业等行业。同时，网站设计中的图片常用4（宽）∶3（高）、16（宽）∶9（高）、1∶1等比例。如果可以设计多图，尽量秉持全面原则，挑选不同景别的、动态和静态的、整体和局部的图片。如图1-16所示，作为首屏的大尺寸图片，以面部表情为主进行裁切，更能体现"发掘你的潜力"这样的理想抱负。如图1-17所示，小尺寸图片的裁切以工作时的动作为主，更能体现"为客户服务"的状态。图片的格式一般为支持多级透明的png格式、文件体量小的jpg格式、支持动画的gif格式等。在保证图像清晰度的情况下文件当然越小越好，设计师可将文件存为webp格式，它的图片压缩体积大约只有JPEG格式的三分之二，像Facebook、Ebay、站酷的图片存储都是使用了webp图片格式，还可以使用例如Tinypng、智图等工具再次压缩图片，它们不会损失图像质量。

图1-16　以面部表情为主的页面设计

图1-17　以人物动作作为主的页面设计

（3）通过图片数量营造情感氛围。图片的数量能影响用户浏览网站的兴趣。如图1-18所示，网站首页采用一张特大尺寸的高清摄影图片，增加了用户浏览的沉浸感，但如果网页中只采用一张图片时，其质量就决定着用户对网站的印象。如图1-19所示，网站用三张以上的图片营造出热闹的版面，每增加一张图片，版面都会更加活跃，多图版面比较适合于新闻类、服装类、美妆类等网站。

图1-18　以特大高清摄影图为背景的页面设计

图1-19　以多图为背景的页面设计

（4）通过图片位置的布局串联情感。由于图片所在的位置是视线的焦点，图片位置直接关系到版面的构图布局。将图片进行恰到好处的排版，不仅能使视觉冲击力更强，更能引导用户的视觉流程，让用户有目的地进行浏览。如图1-20所示，根据用户的从左往右、从上往下的阅读浏览习惯，设计师将服装品牌logo置于左上角，紧接着以彩色大图吸引用户，然后是黑色矩形图引导用户往右侧浏览，随着鼠标往下滚动，图片与图形、文字的组合，既整洁又不呆板，让用户在浏览过程中感受到该品牌的简约与时尚。

图1-20　图片引导浏览视线

1.4 案例赏析：五种不同情感的网页版式设计

网页版式设计的方法多种多样，每一种都可以表达不同的情感。好的网站布局不仅框架紧密、逻辑清晰，还能给人带来美的感受和良好的情绪。下面将介绍五种不同情感的网页版式设计，一起来看看如何在你的下一个项目中充分运用吧。

案例1 以高清大图打造沉浸感的网页版式设计

如图1-21所示，高清大图作为用户进入网站第一眼看到的画面有强烈的视觉冲击力，有激起用户点击冲动的作用。无论屏幕尺寸大小如何，高清大图布满整个页面，给用户展现丰富、细腻的内容，让用户有进一步深入了解的欲望。虽然这种布局的实际尺寸会随着设备的类型有所变化，但是从整体上看是很有沉浸感的。此外，还可以把高清大图换成高清短视频。从设计趋势来看，设计师可采用扁平化的设计语言来统筹网站设计，用高清摄影大图作为背景进行布局，同时这种布局搭配简约的主导航样式和幽灵图标按钮，可以强化用户进入网站的沉浸体验。

图1-21 采用高清大图的版式设计

案例2 适量留白营造诗意的网页版式设计

留白是中国艺术作品创作中常用的一种手法，它是为使书画作品的画面、章法更加精美、更有张力而有意留下相应的空白，为观众保留遐想的空间。如图1-22所示，当网站的内容比较少或只有一个焦点信息的时候，把所有的内容合理分布在一个页面是最好的布局方式，设计师在网页设计时进行适当的留白，搭配合适的配图，整个页面显得清爽、高级，流露出几分诗意。如果网站的信息简单，没有复杂的逻辑关系，就不用把页面分割成许多模块，只需要一个页面来合理布局。当然，这种大量留白的网页版式设计一般适用于小型网站、简单的博客或只有一种内容样式重复排列的网页。当采用这种版式的时候，空间的规划是很重要的。要确保内容之间有充足的留白，可以通过加大内容边缘间的间距来实现，但这种方法有一些隐患，如果间距设置的较小或者间距不均等，则会使整个页面显得拥挤和混乱。从设计趋势来看，为大量留白的网页添加视觉错差效果来吸引用户继续浏览页面，这种交互效果能使用户充满进一步了解的兴趣，同时也丰富了网站的内容。

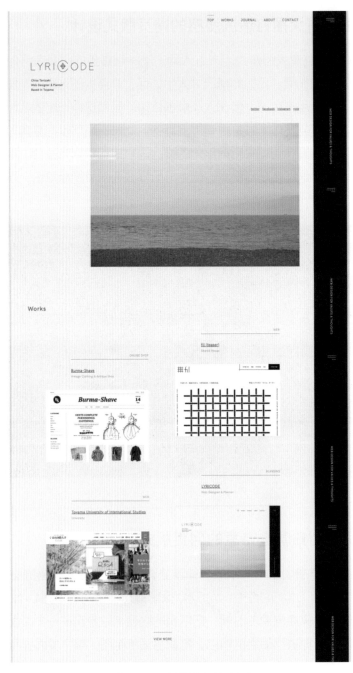

图1-22　大量留白的布局

案例3　简化层次塑造轻松感的网页版式设计

分层布局可以按照视觉元素的重要等级依次排列，尤其适用于简约风格的网站，如图1-23所示，苹果官网非常精炼地把商品的特点用文字描述出来，再配合精致的图片，极大地促进了用户的购买欲望。简化层次的版式设计突出了最小分层的内容区域，纯色的大背景让用户感到很放松，这样用户的精力都会集中到对焦点信息的浏览上。大空间中排列着看似简单整齐的图层，但是传达的信息却并不简单，而它的样式也相对更加的精致。这种把商业目的和简约设计有机融合在一起的方式，在许多的项目类型中得到了应用，它的可行性和可塑性都是很高的。目前的设计趋势是可以为分层简单的网页添加精致的细节变化。

图1-23　苹果官网设计

案例4　以斜排版体现动感的网页版式设计

相比水平和垂直的线，斜线更特别、更具动感。在网站版式设计中，运用对角线进行斜构图的方式，能够塑造出灵动感、独特感，更容易让人眼前一亮。如图1-24所示，该网站首页展示了工作室的设计作品，用户仿佛坐在工作室的办公桌上，翻阅着设计师的一个个作品，同时伴随着翻页的哒哒声，有较强的沉浸感。虽然版式设计仍然采用方块状的排版，但对角线的斜排版打破了传统的块状栅格排版的方式，显得更加活泼有趣。值得一提的是，当鼠标经过图片时，每一摞图片还会分层打开方便翻阅。

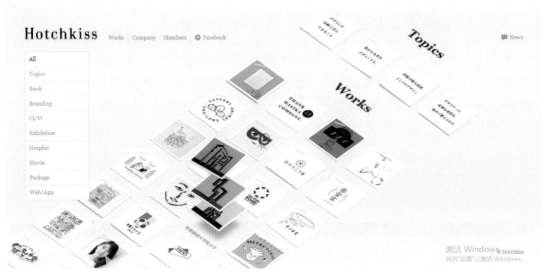

图1-24　采用斜排版的网站界面

案例5　打破传统营造自由感的网页版式设计

还有一种趋势，就是完全不遵循传统的设计方法，纯粹凭借设计师敏锐的艺术眼光和长期积累的审美经验，创造出的随性、自由的网页版式设计。如图1-25所示，该设计与传统版式设计完全不同的是，它在首屏大图位置以短视频的方式进行展示，增加了红色碎片状图形，而红色碎片进行裂变、滚动，避免了版式的单调。随着鼠标滚动到下一个页面，以绿色处理的单色调照片配上具有现代感的字体设计。值得学习的是，虽然这种风格随性洒脱，但是仔细观察网页，会发现版式设计遵循了统一的规律，使整体页面乱中有序、青春洋溢、张扬而不失精致。

图1-25　随性自由的网站界面

1.5　小　结

保持网页版面的秩序性是网站情感化设计的基础。在进行网页版式设计时，我们首先应该确定正确的尺寸，通过栅格系统布局让网页美观易读、便于工程师开发，再合理编排好网页中的图文信息。从诸多优秀网站案例中可以看出，版面简洁、易读性强并且有明确的情感表达是它们的共性。当我们纠结如何通过版式设计传递网站情感时，最好的方法就是先要搞清楚网站的主题、网站的用户、网站的目的是什么，然后再根据设计思维和设计原则，结合栅栏系统等进行设计，这样更容易设计出打动人心的网站。

第2章

网站色彩的情感化设计

　　余光中先生在散文《山盟》中写道："午后的阳光是一种黄澄澄的幸福"，用色彩描述了情感，给人一种温暖的幸福感。色彩是感官要素中最富有情感表现力的设计元素，每一种色彩都有自己的情感特征，可以传递不同的情绪，并产生不同的心理影响。当用户打开网站，最先感受到的就是色彩。网站色彩的存在不仅服务于网站的功能实现，它还应当为用户带来独特的审美体验。色彩作为网站版式设计的重要视觉语言，常被设计师用作表达情感的工具。对于不少设计师而言，网站色彩的设计也一直是个难题，要么保守地采用黑白灰设计，要么又容易过度采用色彩设计。本章将结合案例讨论网站色彩的情感化设计方法，利用不同色彩所产生的情感，设计出色彩鲜明、个性独特的网站，让用户产生不同的心理感受。

2.1 网站色彩的情感表达

一般来说，红色具有活力、速度、紧迫之感，常用于促销打折甩卖等设计；黄色具有青春、乐观、豁达之感，常被作为点睛之笔；蓝色具有信任、安全、稳定之感，常用于企业、银行、科技等行业机构；绿色具有健康、轻松、天然之感，常用于保健品等行业；橙色具有积极、进取、活力之感，常用于快餐、运动、快速消费品等行业；粉色具有浪漫、温柔之感，常用于女性用品行业；黑色具有冷酷、时髦、严肃之感，常用于奢侈品行业；紫色具有神秘、梦幻之感，常用于美容行业。设计师必须学会善用色彩，在设计网站的时候，用色彩去传递网站的本质和内涵，使之与用户产生心灵共鸣，让网站深入人心。

1.记忆性色彩

记忆性色彩就是人们经过长时间的生活经历和共同体验，在大脑中形成记忆的色彩。以绝大多数人记忆中的春夏秋冬四季代表色彩为例，春季是嫩绿色的，夏季是艳红色的，秋季是金黄色的，冬季是白色的。在网站界面设计中，一些网站界面采用记忆色彩来展现其企业文化和内涵，不用过多繁复的文字和图画就可以突出信息主题。如图2-1所示，网站界面中主色为蓝紫色，辅色为橙黄色，让人们联想到蓝天和太阳，仿佛置身于晴朗的天空下。设计师利用人们对颜色长期形成的记忆，让色彩起到了烘托网站主题和传递情感的作用。

2. 象征性色彩

象征性色彩指的是人们在认识色彩的过程中，把情感对色彩的影响总结形成的一种观念和共识。例如，喜庆的红色，让人联想到灯笼，象征着春节。象征性色彩和心理情感是密切相关的，但不同的国家、不同的民族、不同的时期，人们对色彩的象征意义都存在理解的不同。比如，在中国，人们会制作红色的灯笼象征吉祥和喜庆，而在日本很多百姓和商家门口都挂着白色的灯笼，他们认为白色象征美好祝愿。所以，在网站色彩的情感化设计中需要考虑作品的受众，以满足不同地区受众的情感需求。合理使用象征性色彩，利用它代表某些抽象的意义和特定的含义，能够准确传达网站的主题内涵。如图2-2所示，每年十一月十一日都是各大电商网站争奇斗艳的时刻，该网站以红色为主色，让人联想到节庆，突出了十一月十一日的热闹非凡，同时也更容易吸引用户点击购买。

3. 动态性色彩

传统媒体的色彩不会因为位置、操作、观看方式的不同而变化，而新媒体设备的色彩已经从平面的静止状态变为了活跃动态，在数字技术的加持下，网页中的色彩发生了新的变化，即开始了由静态构成向动态构成的新转向，并形成了数字时代下一个崭新的设计元素——动态性色彩。在与静态色彩的对比中，网页中的动态色彩使得传统的固定颜色处于流动之中。动态色彩又可分为以时间因素为变化参数的色彩表现形式和以交互因素为变化条件的色彩表现形式。时间维度中的色彩认知是一个连续的、单向影响的过程，在用户滚动、跳转、光标经过等交互过程中，网页各元素之间的颜色会相互影响。动态的色彩促使用户和网页进行互动并介入参与到整个信息和情感的转化与交流过程中，使用者经由和网页之间的直接互动，将动态色彩的"交互性"特点贯穿于整个信息交流的过程当中，充分体现出光色运动与情感灵性相交融的特质。

图2-1　用记忆性色彩表达的网站

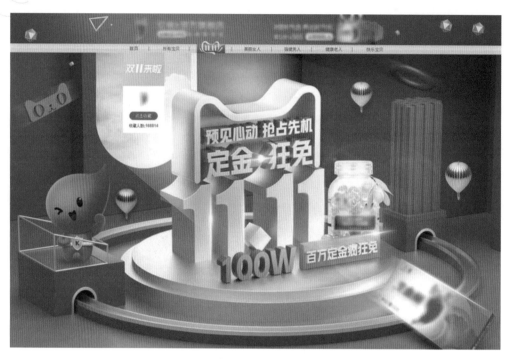

图2-2　象征性色彩表达的网站

　　良好的动态色彩设计不仅能带给网页更生动的画面效果，还可以成为有效的信息传达手段。设计这种动态色彩必须加入时间因素和交互因素的思考，形成更加科学的色彩设计方案。如图2-3所示，色彩设计方案采用了高饱和度的红色、蓝色、黄色，背景以几何图形涂鸦合成，让人联想到蒙德里安名画作品《红、黄、蓝的构成》。但它们在饱和度、明度上非常一致，在跃动中共同传递着时尚感和复古感。网站中还加入了鼠标经过图像后外轮廓色彩的变化、动态图片的色彩变化，在不同屏幕滚动和色彩短时间流动过程中，用户不会觉得眼花缭乱，反而会感到色彩富于跃动感。设计师应该学习驾驭色彩的动态性，把握色彩变化，突破传统静态色彩设计思维，寻求合理的动态色彩表现手法。

图2-3　动态性色彩表达的网站

4. 功能性色彩

由于特殊的传播形式以及特殊的使用环境，网页色彩具有独特的交互性，网页色彩作为信息传达的重要形式要素，能够引导用户获取相关的信息，例如商业网站中"打折""结算"等信息的色彩总是比较鲜明醒目。功能性色彩中还有一种常用的色彩设计方法，就是斑马纹设计，即使用深浅颜色作为区分，有时候配合线条进行分割，使用户在阅读每一行同时又形成联系。如图2-4所示，在网页中有较复杂的列表，在视觉上很难区分时，有经验的设计师就会使用斑马纹以起到一种规整的作用。总体来看，网页色彩的存在不仅服务于网站的功能实现，更应当为用户带来独特的审美体验，让用户产生愉悦感。

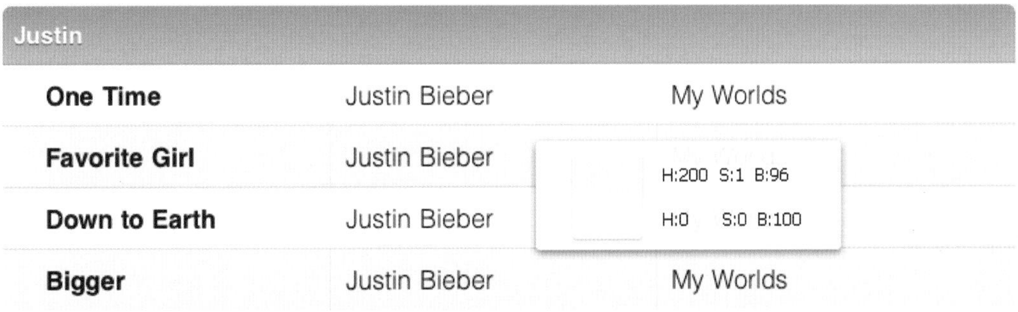

Justin

One Time	Justin Bieber	My Worlds
Favorite Girl	Justin Bieber	H:200　S:1　B:96
Down to Earth	Justin Bieber	H:0　　S:0　B:100
Bigger	Justin Bieber	My Worlds

行政区划	人均住院天数	住院费用（收入）	医保人均费用	床位使用率
开化县合计	16	2763.3	1948.5	42.3%
林山	13	2129.2	1992.5	31.1%
张湾	9	1433.9	1200.1	13.2%
马金	6	2398.2	2000.8	11.3%
杨林	20	748.4	597.6	6.3%
大溪边	43	2948.7	2302.5	64.8%

图2-4　浅色和深色的斑马纹设计

2.2　网站色彩的情感魔力

色彩具有情感魔力，甚至可以左右人类的情绪。色彩的视觉刺激会让人们的心理活动产生变化，引发不同的心理感受。长期以来，人们逐渐形成了对色彩的不同理解和情感的共鸣，有的色彩使人感到喜庆、愉快、舒适、甜美、浪漫，有的色彩让人感到冷静、沉稳、犹豫……相比单一的色彩相对明确的指向，多种色彩组合使用会更进一步地影响用户的心理。设计师应学会运用色彩来体现网站的理念和内在品质，利用不同的色彩组合传递情绪，给用户留下深刻的印象。

1. 冷暖感

网站色彩的情感表达取决于网站的整体颜色体系给人的印象，整个网站的色彩可以体现出一种特定的情感。在网站设计中，不同的色彩会让用户产生不同的心理感受、不同的联想，从而产生不同的情绪。在进行网站设计时，要充分认识到色彩所引起的心理感受，有助于对网站色彩进行选择和取舍。黄色、红色、橙色给人强烈的视觉刺激，让人联想到太阳和火焰，让人感觉到温暖；蓝色和紫色代表着夜晚，让人联想到寒冷，这就是色彩带给人的或冷或暖的感觉。在展现网站设计风格的时候，色彩的组合方式是相当重要的，它会直接影响色彩效果的呈现，这就要求设计师熟知色彩的基础知识。色彩组合的不同，传递给用户的情绪就不同，冷色系让用户感觉清新淡雅，暖色系会给用户带来和煦与温暖，假如色相相同，但纯度和明度不一样，给用户的感觉也是不一样的。很多面向女性用户的网站总是设计成洋红色，但这未免有一些刻板化。红色系里面有适合成熟女性的酒红、玫瑰红、枫叶红等，有适合年轻女性的桃红、粉红、橙红等，而我们也可以选择嫩绿、浅蓝、浅紫色等冷色反映不同状态下的女性情感。如图2-5所示，左侧的网站选择了浅绿色、浅蓝色、浅紫色等冷色配色，传递出清凉的感觉；右侧网站，选择了柔和的茱萸粉、婴儿蓝等配色，给用户一种温馨、期待的情感。

图2-5　冷和暖的网站配色

2. 轻重感

在生活中，我们看到漂浮在天空中的白云和厚重的黑土，因此，我们形成了白色的物体轻、深色的物体重的心理感受。我们总结出，颜色的轻重感由明度决定，明度越高的色彩越轻盈，明度越低的色彩越沉重。在网站色彩的情感化设计中，我们可以有意识地运用色彩的轻重之感为用户带来截然不同的视觉效果和心理感受。如图2-6所示，左侧网站，浅色调的界面色彩让人感觉到十分轻盈、柔和，传递出惬意、轻松的情绪。右侧网站，深色调的界面色彩则十分冷静，传递出沉稳、大气的氛围。设计师可以巧妙地运用轻重颜色的视觉和情感，将不同主题的网站情绪表达得非常明确。

3. 软硬感

用户在色彩的明度上不仅可以感受到轻重之分，还能感受到柔软和坚硬的区别。从色彩属性上看，明度和纯度决定了色彩的软硬感，明度高的色彩给人"软"的印象，明度低的色彩则给人"硬"的感受。纯度高的色彩带有"硬"的情感特性，纯度低的色彩则具有"软"的情感特质。网站的受众群体有所差异，在色彩的软硬情感特性上应该也有所差异，在网站色彩的情感表达上，要符合群体的审美。若是面向儿童的网站，色彩设计应当较为柔软；面向男性的网站，色彩应该更具坚硬之感。在网站主题上，服饰、家纺、食品等网站的色彩多偏向柔软；军事、经济、工业等网站的色彩则多偏向坚硬。如图2-7所示，左侧护肤品网站色彩纯度较低，明度较高，显得更加柔软；右侧科技公司网站纯度较高，明度较低，显得更加坚硬。

图2-6　轻和重的网站配色

图2-7　软和硬的网站配色

4. 进退感

　　黑白的素描画，通过明暗对比，在平面纸上形成了纵深感。色彩也有远近之分，可以通过调整明度、纯度等方法拉开视觉距离，在同一空间中产生前进或后退的纵深感。像蓝色给人的感觉就比较遥远，让人联想到天空、大海；红色给人的感觉就比较近，让人联想到警报、鞭炮，给人一种迫在眉睫的紧张感。由于受到光的折射，远处的事物更灰更暗，近处的事物更明亮。因此暖色总是比冷色感觉更近，并且明度越高距离越近。在网站的色彩设计中，利用较大差异性的色彩来影响情感是比较简单有效的。如图2-8所示，左侧红色的图片和微距镜头下的花朵，让人感觉距离很近，而右侧网站中蓝色背景像远处的天空，白色像近处的积雪，让用户仿佛置身于白茫茫的雪地，感受到银装素裹的冬日美景。

图2-8　具有进退感的网站配色

2.3　运用色彩规律调和情感

将两个或两个以上的色彩，进行合理的搭配、组织，营造协调、和谐的色彩关系叫色彩调和。色彩间的差异造就了不同的对比情况，当对比过强时，会使人感到刺激、不协调，这时需要运用色彩调和的手法完善色彩关系，使各种色彩协调相处。设计师可以利用色彩的基本要素——纯度、明度和饱和度来调和不同的情感。

1. 用饱和度打造生命力

（1）冷色系高纯度色彩搭配。冷色系色彩搭配常用于表现冷静、理性、清凉感，同时也容易形成荒凉、冷清的情绪氛围。如图2-9所示，网站以对比强烈、饱和度高的蓝色、黄绿色展现出简洁、清爽的风格。网站底色是很浅的灰色，用户即使长时间浏览网站也不会产生视觉疲劳。为避免单调，设计师将网页照片叠加色彩，呈现出更有层次、更丰富的视觉效果。

（2）暖色系低纯度色彩搭配。暖色系色彩通常都具有较强的动感和跳跃感，多用于烘托兴奋、快乐的氛围。暖色也可以营造出稳定、恬静的效果，如图2-10所示，网站采用低纯度暖色系色彩搭配，具有单纯简洁的美感，形成朴素的色调，避免出现鲜艳的纯色或者深色调的色彩，传递出温馨、保守、传统的情感印象。

2. 用清爽配色打造干练感

（1）高明度无彩色搭配。清爽感的配色通常整体色彩明度较高，色调明亮，常用到绿、蓝等冷色系色彩，给人冷静、清爽的感觉。清爽配色很适合用于企业网站，能够呈现出简洁、高效、干练之感。如果想增加一点成熟稳重感，可以采用增强明暗对比的方法，加入暗色调色彩，使画面整体明暗平衡。除此之外，还可以加入黑色、灰色、白色这样的单调色彩，减少画面的色彩数量，凸显主体色彩的情感，呈现出果断、干练的感觉。如图2-11所示，网站主色采用了高明度高饱和度的绿色，与图片中的黑白灰相呼应，给人一种干练、冷静的感觉，传递出了企业的文化内涵。

图2-9　用冷色系饱和度打造的网站

图2-10　用暖色系饱和度打造的网站

图2-11　清爽配色的网站

（2）高纯度色彩搭配。通过高纯度色彩的对比，再结合小面积色彩引导视线，达到色彩纯度上的对比，烘托出明快的氛围，给人清爽、干练的感觉。如图2-12所示，网站将白色作为大面积背景色，提高人物背景图的色彩纯度，同时使用橙色突出呈现logo和按钮，整体使用高纯度的暖色系色彩给人愉快、积极、高效的感受，同样也能起到打造干练感的效果。

图2-12　高纯度配色的网站

3. 用暖色调打造幸福感

（1）暖色调下的邻近色搭配。暖色调一般是以红色、橙色、黄色为主色调所营造的温馨气氛色调，但暖色调的搭配并非仅限于此，设计师可以在不同的色彩中添加邻近色，以平衡不同的色彩，使页面的色彩更加丰富，让用户感到舒缓、柔和、温暖。常见的暖色调是红、橙、黄、紫色搭配或者红、橙、黄、绿色搭配。如图2-13所示，网站在黄色为主的网页色彩中，加入绿色这类本身不属于暖色系的色彩时，可以使色彩氛围更加活跃、灵动。

图2-13　暖色调下邻近色搭配的网站

（2）暖色调下的对比色搭配。对比色的搭配常常能够产生较为强烈的视觉效果，能够给人以刺激、兴奋的感觉。因此，想要表达温暖、幸福、快乐的情感，设计师可以在配色中尝试加入一些对比色，以拉开色相的差距，使色彩更加生动活泼。如图2-14所示，网站网页整体是暖色色调的情况下，选择了带有紫色调的照片穿插其中，对表达幸福感起到了非常积极的作用。

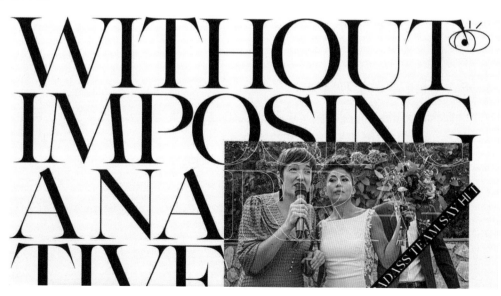

图2-14　暖色调下的对比色搭配的网站

4. 用补色搭配增强力量感

（1）高纯度中心型色彩搭配。足球赛场上的运动员常常穿着补色搭配的运动装，这是由于补色可以突出力量感、对立感，给人一种坚定、面对挑战的感觉，尤其是使用高纯度的补色系搭配，更能给人以极强的视觉冲击力。如图2-15所示，网站将网页背景与画面主体采用高纯度的补色搭配，显示出该品牌充满时尚张力。

图2-15　高纯度色彩搭配的网站

（2）低纯度对决型色彩搭配。长时间让用户浏览高纯度的补色搭配的网页，可能会让人产生刺目感和眩晕感。如图2-16所示，网站为了不使网页产生这样的负面效果，设计师在下拉的页面中适当降低了补色的色彩纯度，使色彩之间达到平衡的状态，给人跳跃、激烈却不刺眼的感受。

5. 用实验性配色打造独特感

（1）渐变色色彩搭配。在以往追求协调配色的时代，和谐的搭配是最主要的目标。不过如今，用户、品牌甚至是设计师们，都在寻求更加新颖、更具创意的设计，实验性的配色就是在这样的背景之下流行起来的。这些实验性的配色通常会带有渐变的特质，用反习惯和反逻辑的搭配方式，将饱和度较高的色彩相融合，或将黯淡和刺眼的色彩进行搭配，强烈的视觉实验仿佛是在探索用户的接受极限在哪里。如图2-17所示，网站采用了饱和度高的多种渐变色进行混合，呈现出了个性化的视觉风格。

（2）单色色彩运用。如果网站色彩使用了一个主要的颜色或色调，就可以被称为单色网页设计。许多设计师为网站设计多种风格和配色方案，试图吸引用户的注意力，其目的是使网站在视觉上吸引人。相反，还有一群设计师只选择单色，设计成特定色调，就是为了保持网页简洁和易于浏览，同时，单色更容易简单直接地向用户传递一种特定情绪。如图2-18所示，网站单色网页中的照片也处理成单色调，不过并非网页中所有元素都一个颜色，在一些小的按钮图标、装饰元素上也可以设计同类色、对比色进行搭配，以免显得过于单调乏味。

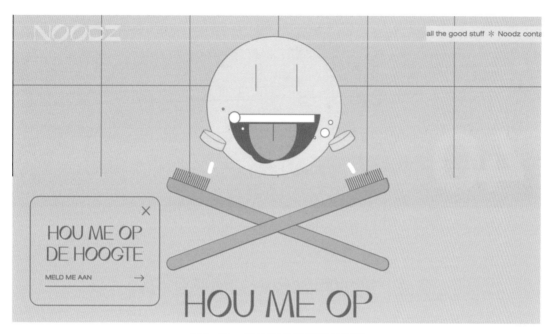

图2-16　低纯度色彩搭配的网站

图2-17　采用渐变色的网站

图2-18　采用单色的网站

2.4　商业网站色彩的情感化设计

由于不同用户的喜好不同，有的用户喜欢活泼的高饱和度的色彩搭配，也有用户喜欢低调的黑白配色，设计师不一定要一味迎合用户的喜好而变更设计，而应在挑选色彩搭配时要进行深刻的思考，从商业网站的战略性上考虑，约束个人的情感。网站界面设计可以借助色彩进行情感化设计，提升网站的视觉效果，传递品牌的文化内涵和情感价值。我们以商业网站为例，展示色彩情感化设计的方法。

1. 商业网站配色的八个要点

商业网站在设计过程中，传递出特定的情感是非常必要的，甚至要达到用户无须阅读内容，就能很好地了解网站想要传递的情感的目的。想要达到这一目的，正确地选择颜色搭配极其重要。如在环保和健康主题的网页设计上，色彩的设计灵感应取决于大自然；在潮流和玩具主题的网页设计上，配色要具有时尚感。每一种色彩所蕴含的意义都很重要。商业网站的配色主要有以下八个要点。

（1）打造品牌色彩印象。设计师应当具有统一的品牌意识，商业网站使用的颜色最好能和公司标志logo的颜色相关联，特别是有实体店的品牌，其网站应尽量为用户打造出和在实体店购物一样的体验，甚至更舒适的感觉。如图2-19所示，网站与实体店铺都采用了黑色和红色的搭配，形成了一致的色彩印象。

（2）用色彩吸引用户。设计师必须了解网站所面向的是哪些用户，考虑他们的喜好来设计网页配色，为用户提供有吸引力的配色和有趣的体验。可以通过用户画像、情绪板等多种用户研究手段搜集用户的色彩喜好。

图2-19　实体店与网站统一配色

　　（3）用色彩凸显导航菜单栏。设计师可以通过色彩引导用户到达特定的区域，在导航栏、菜单栏的设计上，可利用不同的配色方案来凸显出对比效果，在下拉菜单中还可以利用相反的配色，突出每个选项的层次感，让用户及时了解可选项。

　　（4）用色彩强调重点。当商业网站有重要的活动或消息时，设计师可以使用鲜艳的颜色来引导用户关注它们。通过优化网页配色，打破单调的外观，强调重要的文本信息和超链接，这是目前比较流行的色彩设计趋势。

　　（5）突出色彩的功能性。如图2-20所示的网站，设计师重点突出"减价""3件7折"等这样的信息。在突出功能性按钮的时候，你需要去注意它们的大小和颜色的对比，这样可以防止用户忘记按下按钮。

图2-20　使用红色突出打折信息

　　（6）保证色彩一致性。设计师应该考虑图片与网站的色彩一致性。在实际工作中，图片往往是现成的，不一定能与网站的风格相匹配，设计师可以使用一些图像处理软件来对图像的颜色稍加调整，以便与网站的风格保持一致，使它们看上去很协调。如

图2-21所示，网站将每张图片都调成暖色调，并为每张图片都添加了红色底边框，使图片色彩与网站的红色调相得益彰。

图2-21　色彩一致性的网站

（7）限制使用颜色的数量。大部分的色盲或色弱用户，难以区分红、绿色的情况最为常见，当设计师在界面中使用了很多的红色和绿色时，这些用户就会感到很不舒服。在界面设计中应该限制色彩的数量，大量的视觉元素应该采用一个主色进行设计，这样就可以避免某些颜色难以区分这一问题。

（8）确保文本色彩清晰。文本是网站最重要的内容，现在有很多设计师会将图片作为主要视觉元素来设计网站，却容易忽略文字的重要性。设计网站时，为了确保用户可以清晰地阅读文字，一定要注意文本颜色和背景色的对比、文本颜色与背景图片的颜色对比等，从而建立良好的视觉效果。

2. 如何确定商业网站的色彩情感

每种色彩都蕴含着独特的情感表现、深层次的象征意义以及在用户心中的特定意义。面对商业网站色彩设计，很多时候单凭设计师对色彩的直觉、使用经验，不能准确反映用户的色彩情感。为了让用户在浏览网站的过程中得到精神满足和审美满足，使网站成为连接用户的情感桥纽带，设计师可通过以下方法确定商业网站色彩。

（1）根据品牌标志色确定网站色彩。商业网站色彩的情感化设计，最常用的设计思路就是根据品牌标志色来进行配色。我们可以根据品牌的标志色来确定网页的主色，再搭配符合品牌调性的辅助色。这样搭配的色彩因为跟品牌本身色彩高度关联，让用户能够立刻联想到该品牌，特别是一些老字号品牌，很容易激发用户的信任感、怀旧感，这是一种较为安全的色彩设计思路。如图2-22所示，网站以黄色logo的色彩作为网站主色进行设计，强化了品牌的色彩印象。

图2-22　麦当劳中国网站

（2）根据产品颜色确定网站色彩。除了提取品牌标志色作为网页的主色以外，网站还可以根据品牌的主要产品、最新产品的色彩或者外包装的色彩等作为网站的主色进行设计。如图2-23所示，网站就是以红色车身的汽车作为主体，提取车身颜色进行色彩搭配，使得整个页面既显得热情洋溢又具有现代简约感。

图2-23　现代汽车网站

（3）根据气氛确定网站色彩。在设计商业网站配色时，还可以根据气氛来确定色调，比如说夏季主题的话，色调要活泼、清新、透气，可以选择清爽的蓝色、绿色，热情的黄色、橘色等，这些颜色都能从不同的角度展现夏日的特点。如图2-24所示，网站主要采用了浅绿、浅蓝、浅紫色等颜色搭配，凸显了冰淇淋给夏日带来的清凉气氛。

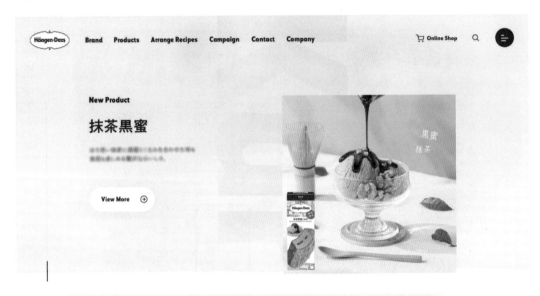

图2-24　哈根达斯冰淇淋网站

（4）运用色彩情绪板确定网站色彩。情绪板设计方法是通过语义联想将模糊的情感词汇与图像相联系，并从图像中提取元素进行设计的过程。如图2-25所示，该图展示了利用情绪板提取与"过年"主题相关色彩的过程，从"过年"主题出发，发散出"团圆、习俗、美味"等关键词，并以关键词搜集相关的视觉意向，再从视觉意向中提取主题色以及主色、辅色、点缀色等。通过这样的方式提取与用户情绪关联的色彩，强调网站交互过程中的情感体验和整体氛围的渲染，可以冲淡网站界面冰冷的机械感。

图2-25　情绪板提取色彩示意图

（5）借助配色网站搭配色彩。现在有很多非常便捷的配色网站能够帮助我们设计网站色彩，并且还能提供不同色彩数量、不同冷暖、不同情绪的配色方案。当然，必须在对基本色彩认知的基础上，结合网页的基本特性，充分发挥设计者的主观能动性和创造性。以下是几个配色网站。如图2-26所示，paletton基于色环进行色彩选取，并提供对比色、同类色等多种配色方案，每个色彩都显示对应的RGB值，并且可以预览网页配色的效果。还有像操作便捷的配色网站colorhunter、安全色配色网站websafecolors、中国风传统色彩参考网站"中国色"等，都为我们提供了丰富的配色方案。另外，如图2-27所示，面向设计师的人工智能色彩工具krhoma，可以让设计师从设计的色彩偏好中学习并创建无限的调色板。

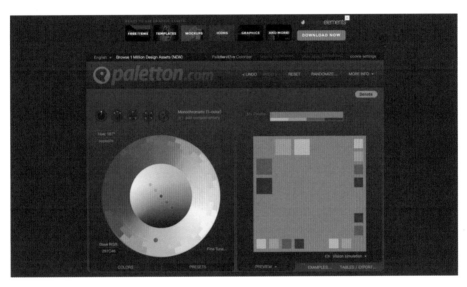

图2-26　paletton配色网站

图2-27　人工智能色彩工具krhoma

2.5　案例赏析：不同类型的商业网站配色设计

接下来将介绍三种不同类型的网站配色设计：美妆、家居、医疗网站。这些网站都有各自的特色、用户群体，让我们看看有经验的设计师是如何运用色彩搭配的。

案例1　以品牌主色设计的美妆网站

资生堂（shiseido）是日本著名的化妆品品牌，其于19世纪末推出的红色蜜露化妆水（eudermine），桃红瓶身结合了花朵标签与蝴蝶结的装饰，让这样娇俏醒目的包装设计成为当时的一大创举，也是资生堂的美妆事业的起点。这个红色也成为日后资生堂的品牌色彩系统的主色。如图2-28所示的资生堂的日本官网采用了品牌logo的红色，搭配经典的黑色和白色，显得优雅且时尚。同时，设计师在细节设计上也尽量与主色调相呼应，如网站照片的背景色和边框、人物的服装、文章标题图标、图表插图等都有红色贯穿其中，让色彩搭配更加和谐，也让用户在浏览网站时会自然而然地加深对品牌的印象。

图2-28　以品牌主色设计的网站

案例2　以品牌调性为主色设计的家居网站

Aebele是一家高档家居品牌网站，如图2-29所示，网站色彩以品牌产品的调性作为灵感来源，将金色、黑白灰融合，传递出高级、奢华、低调、淡雅的品牌气质。金沙色的背景色与优雅的黑色字体相得益彰，金色的手写字体与精美的图片能让用户感受到品牌的精致，也更容易让用户相信该品牌是设计精细、颇具匠心的。

图2-29　以品牌调性为主色设计的网站

案例3 以品牌氛围为主色设计的医疗网站

Okamoto是一家口腔诊所，为了让前来诊治的病人放松心情，避免就医时的紧张情绪，该诊所颇为用心地运用了粉红色作为网站的主色，如图2-30所示，网站将粉红色贯穿至网站背景、图片边框、装饰线条的设计中，传递出温馨、轻松的就医氛围。相信用户在就医前通过访问网站进行预约时，就能够感受到该诊所是一家用心服务、细致入微的诊所。

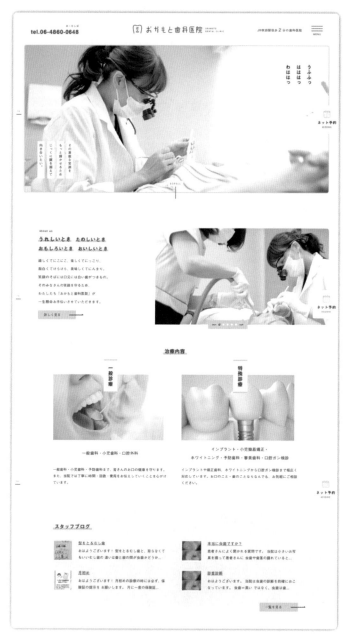

图2-30 以品牌氛围为主色设计的网站

2.6　小　　结

　　作为设计师，应该学会读懂色彩的语言，理解色彩的情感，运用色彩规律进行设计，多看优秀的网页配色案例，多思考色彩搭配的方法，以及多临摹优秀的作品，这些都可以帮助设计师在色彩搭配的学习上事半功倍。总之，设计师应做到熟能生巧，紧跟流行的趋势，游刃有余地驾驭色彩。成功的网页配色方案，一定是理性与感性的结合，所以设计师不仅要掌握配色的技法，更要用心观察生活，做一个情感细腻的人。

第3章

网站装饰元素的
情感化设计

　　随着人们审美标准的不断提高，对网站设计也提出了更高的要求，只有充分给予用户积极情感体验的网页才能受到青睐。当下虽然有很多网站设计模板可以减少设计师的工作量，但是很多模板只提供了基本的内容输出，出于美化或功能的需要，想要让网站变得更加出色，达到"令人惊艳"的效果，设计师除了做好版式设计和色彩设计之外，还需要为网站添加装饰元素。装饰元素可以烘托网站的情感氛围，让网站更具个性和活力。对于装饰元素的选择和处理需要讲究一定方法，需要与网站整体风格相契合，与内容相辅相成，不能喧宾夺主。本章将介绍如何在网站中添加装饰图形、装饰插画、装饰动画、装饰视频、装饰转场等元素为网站"锦上添花"。

3.1　装饰图形的情感化设计

图形是一种具有强烈视觉语言的符号，它可以在传递信息的过程中，激发用户不同的情绪。阅读单纯的大量文字时，人们往往会感到视觉上的疲劳，因此，在大多数情况下，人们更愿意去接纳图形。图形可以更清楚地表达情绪，每个图形都包含着不同的情绪，比如圆形给人一种饱满感，方形给人一种严谨感，倒三角形给人一种稳定感，曲线给人一种节奏感，直线给人一种刚毅感。在网页设计中，通过对装饰图形的处理来表达信息的含义和象征意义，可以让用户产生无限的想象力。网页中装饰图形的情感化设计主要有以下几种方式。

1. 传递快乐感的圆形

圆形象征着圆满、饱满、幸福、和谐，圆形还具有积极向上、乐观的情感。在网页设计中加入一些圆形装饰元素，可以令网页视觉效果变得更和谐，特别是在扁平化设计趋势下，简洁的圆形拥有简单纯粹的美感，可以为界面设计增添现代感，为用户带来新鲜感、活跃感和童真的趣味。圆形主要用于网页背景的设计，通过不同风格的配色方案，可以表达出不同的情感。当下设计界还比较流行将圆形调整透明程度和增加透视效果，结合动画效果，模拟出像"流光溢彩"一般的光斑效果。如图3-1所示，网站采用了圆形进行设计，结合明亮的配色方案，或以圆形叠加图形，营造出了简约又有趣的网页风格，以及泡泡般活泼的背景效果。

图3-1　采用圆形装饰的网站

2. 充满现代感的直角矩形

直角矩形给人稳重、正式、直接的感觉，通常使用在商务网站、企业网站、时尚网站中，体现出高效、现代之感。在网页设计中，直角矩形经常出现图片外轮廓、进度条、导航栏、排版要素的设计中，如果用栅格系统排版，网页界面看起来略微单调，还可以增添直角矩形的色块来丰富视觉效果。如图3-2所示，网站采用了典型的栅格系统进行排版，结合直角矩形进行设计，运用大面积的直角矩形纯色色块，弥补了稍显单调的页面，给人简洁、明快、时髦的感觉。

图3-2　采用矩形装饰的网站

3. 象征包容感的圆角矩形

近年来，屏幕上的图形设计大多采用了圆角矩形，矩形的特点是方正、简单，圆形的特点是圆润、包容，而圆角矩形兼并了二者的优点，既方正又圆润，既简单又清晰。同时它还像是经打磨过的家具圆角，去掉了锋利的直角，给人更加安心、和谐、精致的感觉。网页设计中，圆角矩形同样也是利用率很高的装饰元素，常常作为图片的外轮廓、按钮的形状等。在制作时，尽量用矢量图绘制圆角，确保不同大小的圆角矩形圆角的角度统一。如图3-3所示，网站大量运用了圆角矩形进行设计，让整个网页呈现出轻松、可爱、休闲又不失安全感、稳重感的效果。

4. 富有节奏感的线条

线性图形是网页装饰元素中常常使用到的图形，线条有粗细、长短、虚实、形状之分。粗犷的线条让人感到直观清晰，细微的线条让人感到巧妙精致，波浪线让人感到生动活泼，曲线让人感到柔软优雅，直线让人感到平静安稳，设计师可以根据实际需求来进行调整。线条成为时下流行的设计趋势并不令人意外，网页中作为装饰性元素的线条，能对用户产生强烈的视觉吸引力，结合适当的对比和引导设计，不但可以将用户的视线吸引到网页关键的内容信息上，还能进一步地丰富网页界面的情感表达。如图3-4所示，网站用粗斜横线、细斜虚线、黄色长直线进行装饰，和图片的斜排版相呼应，增添了像音乐一般的节奏和韵律感，呈现出现代感、速度感、时尚感。

图3-3　采用圆角矩形装饰的网站

图3-4　采用线条装饰的网站

5. 具有突破感的三角形

　　提到三角形，往往让人联想到尖锐、凌厉、危险，其实三角形同样具有稳定、力量、突破的象征意义。三角形的尖锐之感让很多设计师望而却步，在网页设计中，也极少看到使用三角形作为装饰图形的做法，但是当我们合理去使用它，会产生别具一格的感觉，设计师可以重点展现三角形的突破感。如图3-5所示，网站借助三角形打破了原本中规中矩的图片形状，展现了该公司在事业上的勃勃雄心。

图3-5　具有突破感的网站

6. 带有科技感的抽象图形

　　最近几年出现了很多新的绘图工具，它们可以创作出很多有趣的图形，这些图形造型比较抽象、自由，和我们常见的形状都不一样，我们可以把这些难以名状的图形元素都称作抽象图形。这些抽象图形大多数都是借助三维模型建立起来的，通过渲染有着与生俱来的科技感，因此抽象图形元素在视觉装饰效果上有着突出的优势，其个性化的造型很容易形成视觉焦点。如图3-6所示，网站以抽象图形作为网页的视觉主体，同时搭配简洁现代的字体设计，为用户传递出一种未来感和科技感。

7. 富有动态感的液态图形

　　液体状、气泡状等图形是近年来较为流行的图形设计，这种不完美、不均匀的图形造型和位置分布反而为视觉效果增添了几分随性，并且它们大多数都是动态的、流动的，它们的形状往往会跟随鼠标的方向产生变化。如图3-7所示，网站融合了这种液态图形的两种呈现方式，一是作为网页背景的一部分创造视觉吸引力，为整个背景在视觉上增色；二是浮动在背景之上，作为动态的装饰元素，丰富整个设计的层次感。液态装饰图形为计算机屏幕增添了趣味性，仿佛计算机不再是机器，而是美丽的水族箱。

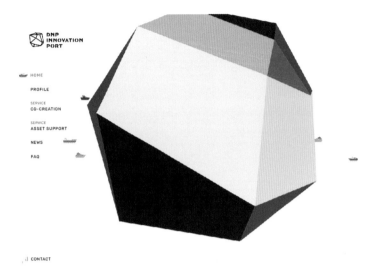

图3-6　采用抽象图形装饰的网站

图3-7　采用液态图形装饰的网站

3.2　装饰插画的情感化设计

插画相比实物影像更加简单易懂，将插画作为网站装饰，具有一定的观赏性和趣味性。它可以激发用户的想象力，带给用户丰富多彩的视觉体验。随着用户对于个性化的审美要求的提升，不少网站采用了插画的形式来提高视觉效果。插画元素的运用有助于网站全方位的艺术提升，精致的插画可以让用户有更好的带入感。不像单纯的文字提示那么枯燥乏味，插画更具有人情味，容易引发用户情感共鸣，当然插画也更考验设计师的创造力和想象力。

1. 装饰插画的情感作用

（1）插画具备较强的视觉冲击力。插画的艺术形式多样，艺术表达方式多样，能给用户带来丰富的视觉感受，激发用户的感官体验及心理活动。其次，插画是一种自由、灵动的艺术，它可以让画家在插画中尽情发挥自己的想象力。利用插画这种独特的魅力还可以打破过于规整的栅格系统布局，令用户产生耳目一新的视觉体验。如图3-8所示，网站用扁平化风格的卡通插画，配以大面积的对比强烈的蓝色和橙色，打破了中规中矩的网页界面设计结构，活泼有趣又非常吸引眼球，给用户留下了深刻的印象。

图3-8　具有较强视觉冲击力的网站

（2）插画可以营造氛围传递情感。随着时代的发展人们对精神上的追求越来越高，在网页设计时融入情感要素，才能创造出更符合人们需求且能打动人心的网站，插画营造氛围、传递情感。设计师可以通过对比、夸张、象征等多种丰富的艺术表现手法，渲染出具有艺术情趣的意境，并通过丰富的视觉语言表现出来，唤起人们的记忆、本能、想象，引起用户情绪变化。插画具有多种多样的设计风格，可以是可爱的、狂野的、浪漫的，也可以是荒诞的，以满足不同用户的精神追求和视觉偏好。如图3-9所示，网站融入了许多精美的手绘插画，这些插画改变了用户对建筑工程严肃的印象，轻松活泼的画风让用户对网站内容产生青睐，起到提升公司形象的作用，这样的插画的确是非常必要的设计要素。

图3-9　用插画营造氛围的网站

　　（3）插画可以激发用户的文化记忆。插画在各个地区、各个时期都有其独特的表达形式，如中国的水墨画、剪纸、皮影，日本的浮世绘等，还有像墨西哥、法国等国家的插画都别具一格。因此，在网页上采用具有文化特征的手绘插图时，插画的文化意义就会被转换成一种文化属性，消费者在认可和喜欢这个文化的同时，也会对这个网站产生好感。如图3-10所示，网站采用复古的风格，用插画绘制出的形象，让人感到非常有亲和力，火焰传递出辛辣的味道，星、月等符号带来了墨西哥异域风情。

图3-10　用插画绘制出形象的网站

2. 装饰插画的情感化设计原则

（1）结合用户的偏好。画家在创作艺术作品时可以把重点放在展示自己的人格和精神世界上，但是设计师在创作网页插画时则需要考虑用户的偏好、符合网站的需求。由于网页中的插画是为网站内容服务的，而网站内容的服务对象是社会大众，比如商业网站的插画是为了吸引顾客购物或者树立良好品牌形象，公益网站的插画是为了对用户进行宣传、科普、教育等。所以网站中的插画设计是有目的性和限制性的，设计师应当考虑不同的群体在视觉风格偏好、情感需求等方面的不同，并根据目标群体的需求、喜好等来进行插画的创作，以用户乐于接受的方式传递网站的情感、价值观。近年来较为流行的3D卡通插画，装饰性非常强，在题材和风格足够切合的情况下，能够更快和用户构成情绪上的纽带。如图3-11所示，网站采用了 3D 形式创作卡通插画，使画面呈现出比2D插画更加立体逼真的效果。

图3-11　采用3D卡通形象的网站

（2）保持整体视觉风格统一。保持插画与整体页面的视觉风格相统一，能使网页更加规范，使网站更具说服力和可信度。插画的视觉语言与网页的视觉风格相结合，能更好地增强网页的情感，设计者可以运用统一的插画绘制方式、近似的色彩明度、近似的色彩饱和度、统一的文字样式等来传递统一的情绪。如图3-12所示，从色彩上来看，网页插画使用的颜色都是明度较高、饱和度较高的颜色，插画的颜色虽然丰富，但是以绿、粉红、蓝为主，这几种色彩将这些插画从视觉上串联起来。从表现方式来看，主页和二级页面插画的表现方式也是统一的，都是质朴的手绘涂鸦方式。从传递的情感来看，网页插画给人的感觉都是温馨的、青春的、可爱的。

图3-12 插画视觉风格统一的网站

（3）利用故事引发共鸣。网页插画设计的创意方式有很多种，最吸引用户的是创作与网页内容相关的主题性故事。在网页设计中，将插画艺术与有趣的故事情节相结合，可以增强网页的艺术魅力，打动用户。插画独具匠心的艺术形式与故事创意相融合，能够触碰到用户内心深处的情感需求，从而产生情感共鸣。如图3-13所示，网站插画的设计不仅体现了童趣，而且将插画与阅读相结合，让网页像是一本精美的绘本书。从首页顶部空中倒挂在树枝上的顽皮猴子、飞翔的小鸟，到网页中间搬书的小蚂蚁和躺着看书的女孩，以及网页底部湖面上泛舟阅读的男孩，都体现出了该系列绘本的审美趣味。

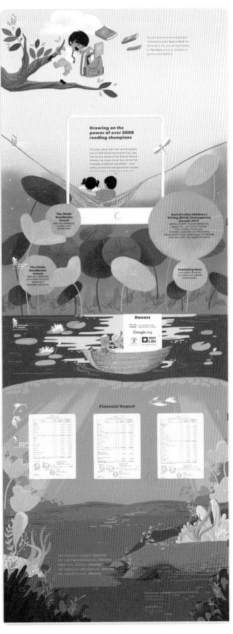

图3-13　插画和故事相结合的网站

需要注意的是，使用插画时应当考虑网站网页的易用性。如果网页中的插图、文字、动画等装饰元素过于丰富，会给用户带来不必要的压力，从而造成过度的刺激，分散用户的注意力，影响用户的阅读效率。要注意的是，网站上的插图设计，并不是以多为本，而是以精为本，在把插画融入网页时，要建立起主次关系，并做到情绪的均衡与和谐，使网页简洁、精确、无可删减。

3.3 装饰动画的情感化设计

随着通信技术的高速发展和人们审美水平的不断提高，网页中动画的设计越来越受到了大众的喜爱，和传统静态的网页相比，用户更青睐富有变化的网页设计。但是网页中的装饰动画长期受计算机硬件的限制，其研究往往停留在技术层面上，而忽视了艺术性，尤其是情感化设计的缺乏，造成了网页动画缺少情绪感染力。为了能够更有效地利用网络来传递信息，提高网页观赏性和吸引力，装饰动画的情感化设计就必不可少。

1. 装饰动画的类型

从网站动画的性质来看，网页动画可以分为属性动画和帧动画。属性动画是通过代码改变网站元素的属性，如宽度、颜色、旋转、缩放、透明度等，在一段时间内，属性数值随时间的变化而发生，属性动画更多的是动态效果，通常具有交互性。帧动画是通过在一段时间内按照一定速度替换图片的方式来实现，这和传统的动画制作方式一样，帧动画一般都处在网页顶部，也可以穿插在网页的其他位置，从而起到增添网页趣味性或吸引用户点击的作用。另外，进入网站主页之前，很多网站会设计一个网站引导动画，又被称为网站片头动画或加载动画（loading animation）动画，这个动态画面，多采用Flash动画技术制作，引导动画可以为网站提供更多的信息和视觉效果，一个好的引导动画可以减轻用户在等待页面加载时的紧张感，这能方便用户对网站的内容一目了然。简单的加载动画甚至可以不用gif，仅用CSS样式就能实现生动有趣的加载动画效果。一些独特的网站引导动画会把加载状态设计得十分有趣，比如转圈的猫咪、复古电风扇等，让用户不仅没有焦虑感，还能爱上这样的设计，从而提升用户的整体体验，起到烘托网站的整体风格和气氛的作用，让用户对网站的印象更加深刻，这样才能更好地进行宣传和增加访问量。

2. 装饰动画的情感化设计原则

（1）装饰动画的风格与网站主题相符。尽管动画的风格有很多种，比如酷炫、可爱、浪漫等，但是装饰动画要以网页主题为核心，不能一味地追求华丽、精美，而是要与网站主题相协调，为网站内容服务。比如，在对纪念性的网页设计时，以"汶川地震十周年祈福"网页为例，网页主题是表达对遇难同胞的沉痛哀悼，因此网页中的动画风格是庄严肃穆，同时增加了为遇难同胞点亮蜡烛、献上小白花的动画，来表达哀思之情。

（2）装饰动画的形式与用户相吻合。不同的用户群体，因其年龄、阅历、身份的不同，其网页需求也存在较大的差异。所以，动画设计在满足网站主题的同时，还要兼顾用户的实际需要。不同的年龄阶段的用户对动画的接受喜爱程度存在很大差异，因此在网页设计时要充分考虑用户的年龄和身份等方面。比如，面向幼儿的网站可以设计手绘涂鸦形式的动画，面向青少年的网站，可以增加一些3D形式的、风格更酷炫的动画。如图3-14所示，一个面向年轻人的音乐网站，采用了滚动着的黑胶唱片动画，为用户带来了美妙的音乐和舒适、放松的体验。

图3-14　滚动的黑胶唱片动画网站

　　（3）装饰动画的内容要容易理解。由于生活节奏越来越快，留给我们阅读的时间越来越少，仔细浏览网页的时间也越来越少。要想让用户在有限的时间内获取海量的资讯，就必须要让用户迅速地了解网页动画的内容，所以动画内容不能过于复杂和隐晦，要让用户明白设计动画传递的信息和目的。

3.4　装饰视频的情感化设计

网站中除了展现企业新闻、产品宣传等内容的较长播放时间的视频以外，当前有很多网站增加了作为美化网站的装饰视频，这些装饰视频通常都是以短视频的形式出现，放置在导航栏上方，代替以往静态的banner高清大图。网站中的装饰视频一般是直接调用外部现成的视频，装饰视频大多以flv格式存放，也可以是mp4格式，可以调整视频分辨率和视频帧率，来保证用户打开网页的浏览速度。设计师可以通过以下方式提升装饰视频设计时的情感化。

1. 选择更有吸引力的视频素材

当前，很多网站都在主广告banner位置播放大尺寸的高清视频来吸引用户。视频不一定很长，可以是几秒钟的循环播放，只要能够增强网站的视听感染力即可。例如旅游网站会播放令人沉醉的海洋、森林等题材的宣传片，餐饮网站会播放让人垂涎欲滴的高清美食视频。如图3-15所示，网站首页以波光粼粼的海面、摇曳轻舞的竹林的视频为用户带来如沐春风的舒适感。

图3-15　"波光粼粼"的网站

2. 装饰视频与网页保持和谐

设计师必须确保装饰视频的色彩、风格是否与网站和谐统一。如图3-16所示，网站采用视频代替静态图片更能突显健身房里酣畅淋漓的运动感，并且视频外轮廓以圆形呈现，与网页中的圆形、圆角矩形等其他装饰图形相呼应，通过艺术性与趣味性的融合，更容易引发用户情感的共鸣。

3. 适当丰富视频的交互性

网站中的视频可以跟随鼠标的滚动产生变化，或者点击视频可以跳转到某件产品的详情页，从而实现营销。这一视频设计形式的应用也是对传统视频设计的一种补充，强化网站与用户的沟通、交流，进而丰富网站情感的传递效果。如图3-17所示，网站播放的美食广告，下方罗列出了食品中所有食材来源的链接，用户可以点进去查看详情了解和购买。

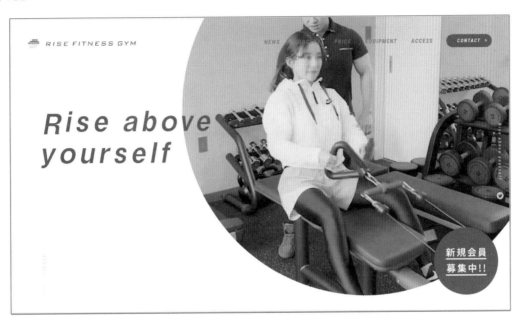

图3-16　用视频代替图片的网站

图3-17　视频下方提供互动的网站

3.5 装饰转场的情感化设计

"转场"这个词，被更多地运用在影视戏剧作品当中，指的是镜头与镜头之间、幕与幕之间的衔接。转场的运用是出于情节性和叙述性的需要，通俗地说就是源于讲故事的需要，它能让电视电影的内容更具条理性，发展脉络更加清晰。在场面与场面之间的转换中，需要一定的手法。网站的装饰转场是指前后网页间的衔接和过渡方式，装饰转场对于提升网站的审美效果、渲染网站的情绪氛围具有重要意义。

1. 装饰转场的情感意义

首先，装饰转场可以衔接不同空间维度和时间维度的界面，拉通页面与页面间的使用流程，使产品的信息内容与功能交互进行承接，创建无缝衔接的用户体验。其次，装饰转场可以缓解用户等待的焦躁情绪，最大限度地减少较长加载时间的负面影响，在转场过程中，遵循物理和自然规律的动画可以降低界面切换对用户的视觉干扰，从而达到流畅的转换效果，而不会降低用户的操作效率。最后，若能在装饰转场中设计一些别出心裁的转场效果，还可以加深用户印象，给用户留下特定的记忆点，进一步提升网站的竞争力。

2. 装饰转场的情感化设计原则

装饰转场的设计实际上是使用预加载器让用户从一个页面导航过渡到另一页面时发生的效果或动画，这些通常需要插件或JavaScript才能实现。我们都知道，一个完整的网站是由多个页面构成的，而每个页面又由若干设计元素所组成，想要让网页的内容条理更加清晰、用户体验感更好，在设计网站的转场时需要遵循情感化设计原则。

（1）转场设计的取材应与网站内容相一致。正如镜头与镜头的组接讲究和谐统一，网页的转场也要注意与整个网站内容和主题相呼应，应避免毫不相干或是纯粹为了炫技而添加的特效，保持页面之间在色彩和布局上相衔接，并与其他设计元素保持一致，提高网站的视觉效果，满足用户的情感需求。优良的转场设计应该是具有创造性的，所运用的设计语言都应该为网站与用户的交流服务的，不恰当的转场只能起到相反的作用。如图3-18所示，网站以蓝色为主色调，在点击左侧导航链接后，每一次页面转场，都是以logo标志与蓝色背景进行转场，主线非常明确，转场动画连贯统一，重复性高，不仅可以填补页面切换过程中用户下载数据的等待时间，更是强化了品牌认知和品牌记忆。

（2）转场设计的形式和手法多种多样。目前比较主流、最普遍的转场方式是移入，大部分的网页都使用这种转场方式，移入包含上下左右四个进入方向，一般默认"左移进入、右移退出"的转场。缩放，即将整个页面自大而小或者自小而大进行缩放过渡，很适合大封面的网页转场。另外还有多种装饰转场方式。翻页——模仿现实生活中书本和纸张的切换效果，它是一种拟物化的转场方式，常用于新闻、书籍等网站中。3D立体翻转——将二维的页面以3D形式（类似魔方）进行切换，体现网站"空间感"。上下合并——将即将进场的页面分为上下两部分进场，使页面更有层次感，适合给用户营造一种"打开新世界"感受。页面融合——根据页面的某个视觉元素，通过变形、变色、缩放、位移等方式过渡到另外一个页面中去，这种转场是最能体现两个页面之间的"关联性"，也是过渡效果最和谐的方式之一。设计师在设计装饰转场时，需要充分发挥创造力，注重视觉与交互设计的巧妙运用，包括色彩搭配、动效设计与转场设计的结合。还需要熟练运用JavaScript的开发技巧来实现流畅的动效与转场设计，为网页增添乐趣。如图3-19所示，网站以流行色克莱因蓝为主色，在页面转场时，叠加蓝色遮罩转场，强化了网站的色彩印象。

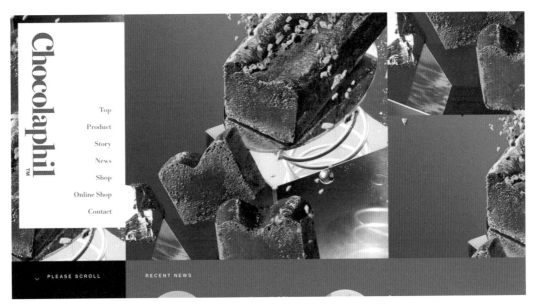

图3-18　转场设计网站1

图3-19　转场设计网站2

（3）转场设计要保持各网页间的视觉连续。转场就像电影各个分镜头之间需要有节奏地统一调和，网站转场设计的视觉变化也应该有一条主线，保证设计元素之间内在的关联性、动作规律的统一性或是其他某种关系，变化之中要有明显的视觉脉络可寻，可以考虑使用相同的背景色、视觉元素等加强页面间的关联，增加用户转场后的代入感。如图3-20所示，网站所有页面都以大面积黑色为主，转场设计也采用了黑色的矩形贯穿其中，与网站各个页面保持统一。

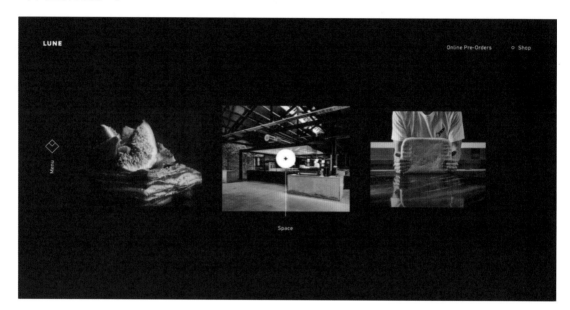

图3-20　转场设计网站3

3.6　案例赏析：不同装饰风格的情感化表达

在网页设计领域中，设计风格从来都不是为了设计而诞生的，它更像是在视觉、品牌、技术、创意的综合作用下，体现在网页设计作品中的一种融合表现，正是由于越来越多的设计师和技术人员将聪明才智和创意想法融入网页当中，才创作出如今我们看到的这些网页装饰设计风格。网页的装饰设计风格和情感表达关系密切，不同的风格能够呈现出截然不同的情绪、美感，以下是近年来较为流行的网页装饰风格。

案例1　立体3D装饰风格

从文字排版到视觉图像，3D在视觉领域的快速增长和市场需求是大家有目共睹的。利用3D元素构建景深，可以使得整个网页充满吸引力和沉浸感。如图3-21所示，网站通过3D软件建模设计制作了埃忒拉（Aethra），她是古埃及神话中拥有纯净天空和晴朗天空的女神。女神缓缓摇曳的手、微微转动的脸庞，让女神散发出圣洁的光芒，网站以大面积白色为主，点缀外发光的紫色光斑，让网站呈现出干净、纯粹、明亮的氛围，体现了环保的主题。所以设计师们不妨来试试创意无限的3D风格设计，有趣的模型、逼真的材质和细节，结合色彩、阴影、高光应用在网页设计中，能让网页的设计更加独特，更具科技感、未来感。

图3-21 立体3D装饰风格的网站

案例2 故障艺术装饰风格

故障艺术，就是通过对事物本身的瑕疵进行艺术处理，从而将这些瑕疵变成一件独具美感的艺术品。例如老式的显像管电视机失真和故障所产生的色彩错位、黑白雪花、横竖条模糊等效果，这种低保真的元素在这个以精致细腻为上的时代，制造出了一种反主流的声音，让故障艺术这样的视觉风格在众多精致细腻的设计当中脱颖而出。故障艺术的特点主要是黑白或绚丽的色彩、横向或纵向的线条感、斜面的切割感，像电影《攻壳机动队》海报就是非常典型的故障艺术风格。如图3-22所示，网站采用了故障艺术风格进行装饰，以黑白色彩为主，将动态图片横向切割为变化着的线条，从而产生了独特的美感。

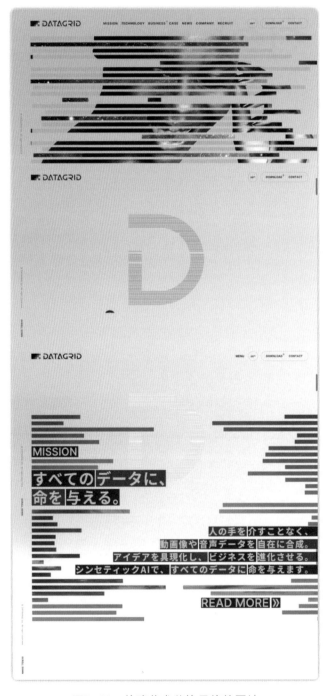

图3-22　故障艺术装饰风格的网站

案例3　蒸汽波装饰风格

　　蒸汽波风格的艺术作品常常呈现出一种迷幻、眩晕的感觉，蒸汽波的风格常常用到马赛克状的椰子树、石膏头像、太阳、海浪等元素，它使用蓝色、粉色等高饱和度的渐变色来营造一种迷幻的浪漫感，如抖音的logo就是典型的蒸汽波风格。蒸汽波和故障艺术以90年代复古电子科技作为元素，传达着对电子时代的推崇与迷恋，这也是使得蒸汽波的风格所特有的数字风情有着能够打动不同年龄段用户的奇妙气场。如图3-23所示，网站通过带有梦幻色彩的蓝色背景、粉紫色泡泡、波浪线图形进行装饰，表现出对沐浴的美好时光的期待。

图3-23　蒸汽波装饰风格的网站

案例4　赛博朋克装饰风格

赛博朋克这一艺术类型可以是小说、电影、插画、动画等表现形式，背景大都建立在拥有先进的科学技术的地球，拥有五花八门的视觉冲击效果，比如街头的霓虹灯、标志性广告以及高楼建筑等，通常搭配色彩以黑、紫、绿、蓝、红为主。如图3-24所示，网站主题本身就是未来的、科技的、电子的，因此采用赛博朋克风格装饰网站十分符合网站主题，其中运用了像素风的图案和字体、高饱和度的色彩，以及圆点和方块、线条的装饰等。

图3-24　赛博朋克装饰风格的网站

案例5　手绘涂鸦装饰风格

　　手绘涂鸦风格的元素或许不够精准，但正是这种带着手工制作的"不够精确"的装饰元素，对于越来越多的用户而言，似乎是更有温度、更加易于亲近的。设计师可以尝试一下用不同材料来创作，如蜡笔、铅笔、水彩。手绘涂鸦风格似乎给冰冷的电子产品和网页赋予温情。手写、手绘、手撕视觉元素的真实质感，让用户感受到这些作品背后是有血有肉的、真实存在的人，这大概就是手绘涂鸦风格让人沉迷的原因。如图3-25所示，网站采用了手绘涂鸦的装饰风格，由于这些自由的线条和不那么规整手绘元素散发出别样的美感。

图3-25　手绘风格的网站

案例6　极简主义装饰风格

　　极简主义仍然是当下很多设计师热衷的、备受用户喜欢的一种主流的风格，也是值得追随的时尚趋势。如果把上述的网页设计风格比喻为饮料，极简主义就像是一杯普通的纯净水，让人感到清爽舒适，这也是极简主义让人着迷的地方。如图3-26所示，网站没有过度装饰，没有无效信息，简单纯粹，仿佛告诉我们极简主义仍将作为一种持续的"趋势"而存在。

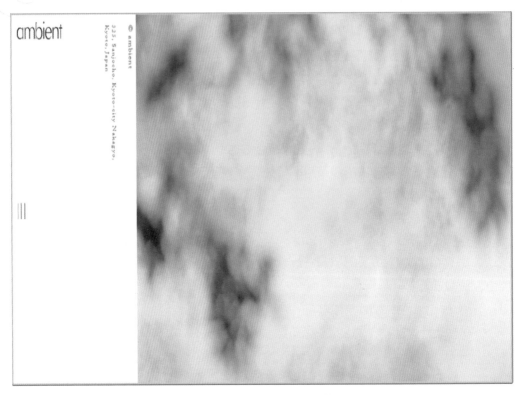

图3-26　极简风格的网站

3.7　小　　结

在本章，我们介绍了如何在网站设计中选择合适的装饰元素来提升网站的审美效果，通过灵活运用装饰图形、装饰插画、装饰动画及合适的装饰风格进行情感表达，给用户带来舒适和谐的视觉与心理感受。当然，并非所有的装饰元素都适用于各种主题的网站，设计师必须仔细了解是否需要将这些装饰元素应用到草图和概念中，设计师应当依据产品的特点和功能设计装饰元素，比如我们应当思考要设计的网站中的产品是什么样的？它是有香味的吗？是液体状的吗？它给人的感觉是具有梦幻感的还是具有科技感的？然后再融入相应的装饰图形、装饰风格来渲染氛围，将用户使用时的愉悦感转化到感官体验的层面，通过视觉使用户身临其境。

第4章

网站交互情感化设计的
基本原则

　　网站的情感化设计不仅体现在版式设计、色彩搭配、装饰效果等方面，还应从满足用户最基本的使用需求和视听需求出发，逐渐向简单、舒适、高效的交互方式转变，致力于让用户在人机交互过程中产生愉悦的身心感受，这就涉及网站交互的情感化设计。用户交互行为是体验的前提，良好的体验是激发用户情感的途径。在用户访问网站的过程中，主要有以下这些交互行为：浏览、回访、注册、登录、搜索等等，通过合理的交互设计能够让用户与网站之间建立情感的交流。网站交互情感化设计的目的，是设计师如何通过情感化设计符合目标用户的期望，让网站更加高效易用。为了达到这个目的，设计师必须遵循网站交互设计的四项基本原则：功能性原则、易理解性原则、易用性原则、感受性原则。本章将讨论围绕这四项原则，讲解如何设计出符合用户逻辑、符合用户期待的网站，让用户体会到网站所带来的愉悦的情感体验。

4.1 功能性原则

功能性原则是指产品应该具有良好的使用功能，使用户的知觉和动作形成顺畅的反应链。日常生活中，我们往往会通过网站购买门票、查询成绩、报名考试等，如果整个流程便捷顺畅，会让人感到愉悦舒心，如果过程复杂烦琐，则会让人感到厌烦无奈。网站的功能设计应基于对用户行为的研究之上，其使用方法及操作过程应具有相应的反馈且反馈信息便于人的理解。我们在搜集到用户需求之后，就可以开始梳理网站的功能，通常一个网站可以分解为若干分功能，各个功能又可进一步分解为若干个二级分功能，如此继续，直至各分功能被分解为功能单元为止。

1. 功能结构图的优势

我们可以借助功能结构图来描述各个功能之间的逻辑关系，在功能结构图中的每一个框都被称为一个功能模块。当我们梳理网站功能结构图，就会清楚这些功能模块有哪些表现方式，会跳转到什么样的网页上，网页之间的相互关联等。绘制功能结构图有以下三大优势。

（1）清晰梳理。功能简单的网站，功能结构图需要描述的信息一目了然，就没有必要绘制功能结构图，甚至可以直接画原型。但如果我们面对的是购物网站、银行网站、订票网站这类功能庞大的网站呢？这个时候，如果我们不绘制网站功能结构图，就很难将整个网站功能模块和功能点梳理清楚，也很难对网站或功能模块有一个整体的、全局的认识。有了功能结构图，网站有哪些页面、每个页面有哪些功能、多个功能之间有什么样的逻辑关系就一目了然了。

（2）避免遗漏。功能结构图可以帮助我们梳理用户需求，以鸟瞰的方式对整个网站页面中的功能结构形成一个直观的认识，防止在网站需求转化为功能需求的过程中出现功能模块和功能点缺失的现象。例如网站中申请开发票的功能，虽然这是一个非常简单的需求，但如果没有网站功能结构图，想到哪儿做到哪儿，最后可能只设计出最顺畅的其中一种情况。而这个流程背后可能涉及的异常处理，就会全部遗漏，如申请开发票时，信息填错时需要修改、多个订单合并开票。而有了功能结构图，我们就可以根据功能结构图的层级关系，先搭建好功能结构，再对照着功能点逐个设计。这样做出来的网站，既不会结构错误，也不会遗漏或多余。如图4-1所示，京东网站查询订单中的发票，可以看到微信扫码获取发票、下载电子发票、发送邮箱、申请换开等功能，如果没有绘制功能结构图，很可能会遗漏。

（3）鸟瞰全貌。我们在做网站分析或功能分析时，常常需要看这个网站或功能的全貌。若没有功能结构图，我们只能粗略地看到网站的页面，体验一下交互，很难"看透"这个网站。当我们把一个网站的功能结构图绘制出来后，就能很清晰地看到这个网站的核心功能、重要功能、辅助功能，以及这些功能之间的层级关系，就如同获得了一张地图，将网站看得清楚透彻。

图4-1　京东订单中的发票功能

2. 绘制功能结构图

网站的功能结构图非常重要。最基本的绘制工具有Visio、Edraw、Axure PR 等，这些软件的绘制操作都比较简单，重点在于逻辑的梳理。那么如何正确绘制网站功能结构图呢？具体步骤如下。

（1）第一步，划分功能模块。对于功能简单的网站而言，主要功能即可构成功能模块，而对于复杂的网站而言，就需要通过抽象关键流程节点或操作来划分功能模块。如图4-2所示，这是一个大学生学习网站，该网站是一个功能相对简单的网站，我们可看出该网站功能由活动、学习、论坛、新闻四个功能模块构成，每个功能模块分为多个功能点。

（2）第二步，拆解功能模块。我们尽可能详细地继续拆分网站的功能模块，绘制出网站的二级功能、三级功能等。如图4-3所示，活动模块可拆解为讲座、展览和比赛，讲座还可以细分为分类、学校和地区。

（3）第三步，梳理功能流程。这个步骤需要专注于主流程的设计，模拟使用场景，梳理网站操作流程，同时合理地简化步骤，在场景中加入判断条件与可能因素，如是否登录等，并用通用的标签标注，这些标签可以直接使用软件工具中自带的标签。如图4-4所示，该图是一个电子商务平台购物网站流程图，参照左侧标签，我们能清晰了解该网站的操作步骤。

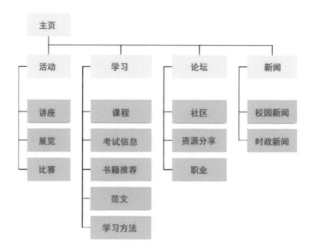

图4-2 大学生学习网站功能模块

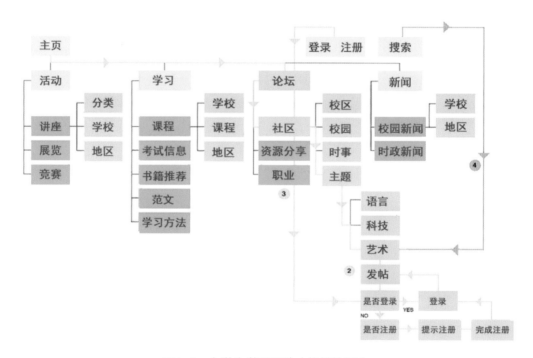

图4-3 大学生学习网站功能模块细分

如图4-5所示，在网站功能结构设计上，国内的携程网功能强大，网站功能易用性较好，功能体验友好、层次分明、主题突出，该网站的内容和栏目结构脉络分明，导航线路层次分明，在用户体验上，携程网的网站内容和功能结构融和较好，每一个网页都动态地凸显了重点内容，很容易吸引用户的注意力，所有行程、游记的展示符合规则、简单明了，让用户清晰地了解每个功能的操作方法和意义。

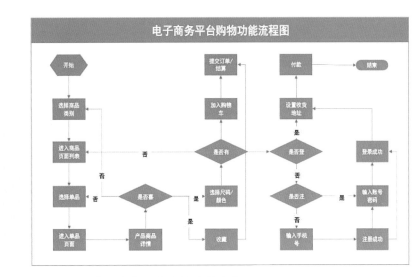

图4-4　电子商务平台购物功能流程图

图4-5　携程网的网站首屏界面

4.2 易理解性原则

易理解性的特点就是简单、诚实和直接，它可以帮助用户建立对网站的信任。网站设计的易理解性体现在用户能否清楚明白网站如何工作，并且能够达到用户的预期。例如，点击"心形"表示喜欢，点击"购物车"表示加入购物车。当用户面对一个全新的网站，一旦遇到让人困惑的地方，不少人会选择放弃浏览。其实不仅仅是新建的网站，如果网站改版相较于原版变化较大，用户也会产生困惑。因此，行为层次设计要求设计师留给用户更明确、更多的操作线索，便于用户理解与掌握网站。如图4-6所示，在新改版的"中国知网"首页上，会有"旧版入口"，让不适应新版本的用户回到旧版本网站操作。同时，在考虑用户的使用场景时，设计师必须保证网站的使用及运行过程都要有及时的反馈信息，并且保证这些反馈信息应该是容易被理解的，如果有比较复杂的操作，可以添加引导面和帮助页面。

图4-6 中国知网"旧版入口"颜色和位置都很显著

1. 引导页面的设计

在用户使用某个功能前就能帮助用户降低学习成本的页面或存在引导性质的弹窗都可以称为引导页。页面呈现的内容为该网站的主功能或新功能推荐，或者是对新迭代的功能作了哪些优化的说明，引导页可以帮助用户更清晰地了解网站。和手机App启动后的引导页不同，网站引导页通常只设计在网站内部，如图4-7所示，bilibili网站设计的是以半透明黑色遮罩，保留了新功能的操作介绍，可以很明确地让用户掌握新功能的使用方法或位置的变化。

2. 帮助页面的设计

有一些大型网站会提供帮助页面，这里一般设置有帮助目录、常见问题、联系客服等功能，和网站里的其他页面不同，"帮助页面"不是为了吸引用户停留，而是为了用户能尽快返回之前的信息目标，希望用户能够在最短的时间里从这个页面离开。大多数用户都是在遇到困难的时候，才会选择使用"帮助页面"，因此在这种情况下，用户在"帮助页面"上停留的时间越久，越能说明用户没有完成自己的目标，也就越有可能放弃任务。因此，设计"帮助页面"的首要目的就是能够让用户快速发现他们所需的帮助内容，尽快解决他们的困惑。如图4-8所示，百度的帮助页面，将常见的问题设计为显而易见的漂浮状标签，是非常容易被用户理解的。

图4-7 黑色半透明遮罩效果的引导页设计

图4-8 百度帮助中心界面设计

4.3 易用性原则

易用性，即产品是否易于学习和使用，易用性最能反映产品的使用质量，这被认为是交互设计的核心目标。网站的易用性关系到用户能否简单容易地使用网站并高效完成预期任务，网站的交互设计应避免让用户感到沮丧，需要以最简短的步骤、最简洁的提示展现功能，这样才能发挥网站的价值。只有基于易用性的原则，为网站创建积极的用户体验目标，能使用户以舒适的方式进行体验。

1. 网站易用性的目标

改善网站易用性，能够使用户与网站的互动达到最佳状态，确保网站易学、有效、令人愉快。如图4-9所示，网站易用性的六个目标，其中易学性、易记性、可行性是交互设计的核心指标，设计师可以对照进行设计。

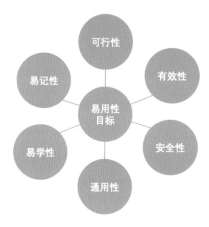

图4-9　易用性的六个目标

（1）可行性。它是网站易用性最基本的目标。网站可行性是指网站能否满足用户的期待，即用户的使用是否完全达到他们预期的结果。一旦用户发现交互行为与自己的预想相去甚远，会感到焦虑，产生非常不好的体验。

（2）有效性。它是指用户在该网站所执行的任务，能否保持较高的完成效率。在易用性测试中，测试人员通过评判用户完成任务的时间来衡量设计的有效性。减少不必要的操作步骤。例如，从前我们注册网站需要填写很多个人信息才能注册成功，现在大多数网站都为用户提供了用手机号注册登录，或用其他社交账号一键登录的方式，提高了网站注册的效率。

（3）安全性。它是指用户在使用网站时，是否曾出现安全隐患。这其中包含了用户对操作失误的后果的担忧，以及一些影响用户行为的情形。像删除选项等"危险"的信息应该设置到不容易误点击的范围，并且应该增加确认提示。如图4-10所示，腾讯课堂的"取消收藏"功能按钮，增加了"确定"的弹窗，降低了误操作的风险，提高了安全性。

（4）通用性。它是指网站在所有的功能类型中是否为用户提供了可借鉴的操作经验，以便让用户更好地理解、执行所需的任务。比如现在有很多网站是作为小程序或公众号的后台网站，其交互设计和界面设计应该与前端保持一致。如图4-11所示，微信公众平台网站和微信公众号的交互设计、界面设计就很相似，从而让用户能够运用熟悉的方式进行操作。

（5）易学性。它是指用户学习操作该网站的难易程度，在用户易用性测试中一般通过评估用户执行一项任务的时长等衡量易学性。好的设计来源于生活，我们可以将生活中的经验设计到网站中，以减少用户学习的成本。就是模仿生活中的开关设计，在网站中增加"白天夜晚模式"开关按钮，让用户无须学习就能明白其含义。

图4-10　腾讯课堂网站的确认弹窗

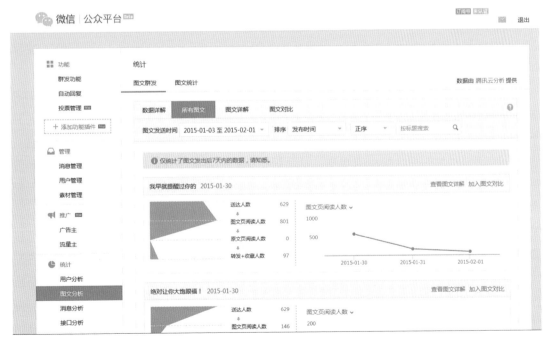

图4-11　微信公众平台网页

（6）易记性。易记性是交互易用性中比较关键的目标，它是指当用户学习使用网站后，是否能够快速回想起如何操作这个网站，这点对于偶尔使用网站的用户来说相当重要，在易用性测试中一般是通过统计用户执行指定任务时出错的次数来评估易记性。对于一些重要的功能，我们可以设置不同的色彩来区别，并且在网站改版时尽量不要改变它们的位置，如图4-12所示，天猫商城的网站设计，就是将天猫超市、天猫国际单独设计颜色，加深了用户对这两个产品的印象。

图4-12　天猫商城网站导航设计

2. 网站易用性设计的评价标准

唐纳德·A.诺曼在《日常的设计》（*The Design of Everyday Things*）一书中描述了常见的易用性设计原则：可视性、反馈、限制、映射、一致性和启示性。在此基础上，设计师提出了针对网站易用性设计的评价标准。根据易用性目标，我们可以归纳总结出网站易用性设计的评价标准，用来指导设计师合理进行设计。网站易用性设计的评价标准符合当前网站发展需求，网站易用性设计主要取决于容易关注、容易感知、容易记忆回忆、容易学习这四个方面。设计师可以根据表中的准则进行设计。

（1）采用容易被关注的引导方式。设计师应在网站中设计具有交互引导性的图形、色彩、文字、动画等视觉元素，吸引用户的注意力，让用户能够轻松地理解该如何操作、在什么位置操作等。同时，应注意图形、图标等视觉符号容易辨识、表义明确、便于理解，文字应该清楚易读，避免视觉干扰。

（2）提供容易被感知的视觉反馈。通过明确易懂的视觉反馈，使用户在不知不觉中完成体感交互的体验过程。因为人与计算机之间的交互并不是直接发生物理接触，用户有时并不清楚计算机是否接收感知到了自己的操作，所有网站必须要提供清晰、直观的视觉反馈，使用户能够及时地知晓计算机的状态，从而获得期望的操作体验。用户点击后，网站需要有明确且醒目的视觉反馈信息，比如，使用动画、色彩、下画线等标示对不同的信息进行提示，不过要注意过多的图像和颜色会使界面杂乱无章。

（3）保持容易被记忆的信息设置。网站的设计要避免过于复杂的任务和过多的操作步骤，尽可能地在每个页面让菜单和图标的位置保持一致，当网站有大量信息时，可以通过设计颜色、属性、标签和图标等形式来帮助用户记住。设计师应该对网站的各个要素进行审查，去除不必要的设计，让网站的操作流程更加简捷，方便用户浏览和查询信息。不过，设计一些个性化的图形和颜色有利于加强用户的记忆，提高网站的吸引力，营造出良好的情感体验。如图4-13所示，当打开网站时注册输入框是倾斜时，代表着软件的漏洞错误，当点击输入，输入框以晃动动画变为水平时，代表着错误被修复，这个简约的设计一定会加深用户对网站的记忆。

（4）使用容易学习的交互形式。用户在网站的参与度高低取决于交互设计是否容易学习，能否为用户带来了顺畅、舒适的用户体验感受，是否能满足用户的情感需求。为了激发用户探索网页界面的功能发现网站的乐趣，可以减少可选项的数量，简化不必要的步骤，并且尽量使用日常化、生活化的设计语言。

图4-13　让人印象深刻的网站信息设置

3. 网站易用性设计的原理

设计师要想提升网站易用性设计，还需要了解网站易用性设计相关的科学原理。下面将列举三个与网站易用性设计关系密切的科学原理：格式塔心理学原理、5±2原则和眼动视觉轨迹原理。

（1）格式塔原理。格式塔心理学又叫完形心理学，20世纪初诞生于德国，被德国心理学家韦特海默等用来解释人类视觉工作的原理。如图4-14所示，大脑会自动将方形的归为一组、圆形的归为一组。如图4-15所示，我们可以看到亚马逊网站上，就采用了格式塔心理学中形状的认知原理，将不同类型的信息分别以方形、圆形进行设计，让用户对网站的页面结构和信息层次一目了然。格式塔心理学还包括对距离、色彩等的视觉认知，该原则有利于突出信息的层次感。

（2）5±2原则。1956年美国心理学家乔治·米勒对短时记忆能力进行定量研究，其著作《神奇的数字7±2：我们信息加工能力的局限》揭示了7±2原则。但是在这个信息爆炸的时代，人们每天接收的信息越来越多，7±2原则已经演化为5±2原则，也就是对人们来说信息的选项最好是3而不是5了。对于网站而言，网站导航或选项卡的数量尽量不要超过7个，这样会让用户对于产品的内容一目了然，更快捷也更加有效。如图4-16所示，该网站导航栏下拉选项至少3个，至多7个，非必要选项都做到了尽量简化。

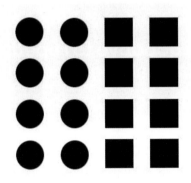

图4-14　格式塔心理学认知

图4-15　亚马逊网站首页

图4-16　网站导航

（3）眼动轨迹。目前较多的用户体验实验室使用的是眼动仪测试，用户在实验室带上眼动仪浏览网站，测试者就能获得该用户浏览网页的数据，如浏览的视觉轨迹、停留的时间等。眼动仪测试研究表明，很多用户并不是一个个字地去阅读网页，而是在"扫描"，通过扫描标题、浏览文字、扫视列表来获取信息。如图4-17所示，通过眼动仪测试用户的视觉追踪，发现用户从左到右、从上到下地"扫描"网页，以类似"F形"的视觉轨迹浏览网页，作为设计者需要可以参考这个原则去引导用户浏览关键信息。

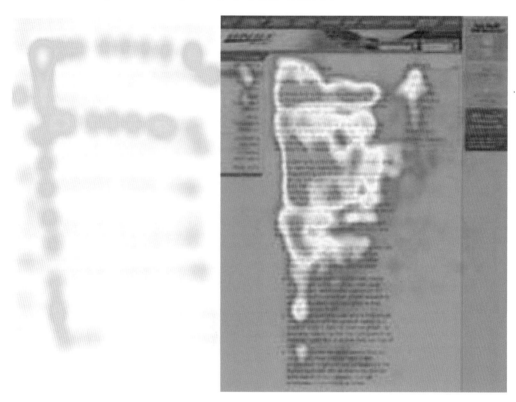

图4-17　眼动仪测试留下的"F形轨迹"

4.4　感受性原则

感受性原则旨在让网站除了作为实现交互功能的媒介以外，还应该让用户获得愉悦的体验，这也是网页设计的最高境界。感受性原则在四个原则中最模糊且不易琢磨，它涉及对人的情感因素的研究，"感受"是实现网站情感内涵的重要手段，愉悦舒适的用户感受是行为层次设计中必不可少的部分。行为层次的设计不仅要满足网站的功能需求，还应当着重关注网站用户的体验和感受，这些都是为了满足用户的情感需要。以人为本进行设计，有别于我们给宠物设计屋舍、玩具等，因为人类是最具感情色彩的。因此，如何为网站注入更多情感内涵，提升网站的品质感，是很多设计师所关心的问题，这就要求设计师必须着重思考用户在网站使用过程中的感受问题。网站的"感受性"设计包括：关怀感设计、仪式感设计、游戏感设计、诗意感设计、叙事感设计。

1. 关怀感设计

网站需要使用户感受到网站的关怀与体贴，尤其是面向特殊人群，像老年人、儿童等，需要考虑他们的特点，用包容性的设计让他们也能够轻松地使用。例如面向老年用户的网站，在界面搜索部分，网站的设计应充分考虑较多的老年用户在输入文字和阅读文字时可能出现的障碍，还应考虑老年人的受教育背景，为他们提供手写输入、朗读文字和查阅字典等多种功能。针对儿童的网站设计，应尽可能在首屏就能展示完整信息，保证儿童不必操作滚动条就可以浏览网页的全部内容，同时网站的导航栏必须简明扼要，避免冗余的信息列表和层次结构。如图4-18所示，Mailchimp猩猩邮箱的 "voice and tone guide"（声音和语调指南），正是一个"为困难用户而设计"的最佳范例。直到这个指南发布，几乎没有任何一家网站关注到这一问题。这份指南详细地向我们展示了用户在网站交互操作时会作出怎样的反应，并告诉我们在那些情感语境中，通过一一对照，我们会知道该作出怎样的回应，更能体现对用户的关怀感。

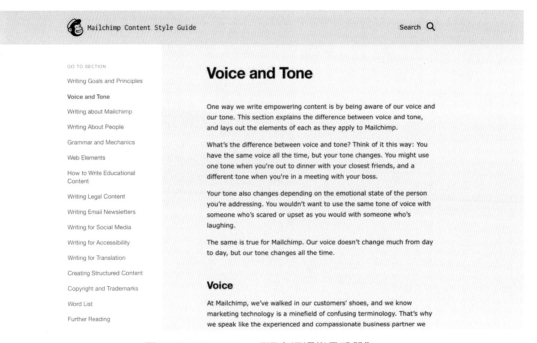

图4-18　Mailchimp "语音语调指导手册"

2. 仪式感设计

仪式源于对秩序和信仰执着追求，仪式感表现出人们对于真、善、美的向往和憧憬，人们在仪式常常能达到忘我的境界。网站的设计可以借鉴仪式中打动人心的内蕴与思想，让这种内在的情感在网站中得到体现。网站可通过加载时的动画、跳转页面动画、交互形状色彩变化等方式传递这种仪式感。如图4-19所示，网站与传统电气工程企业的严肃庄重感不同，让用户感受到这是一家传递"温暖"的企业，当打开网站时就能体会到一种"仪式感"，首屏上的大图看起来温馨浪漫，让用户产生一种亲切感。更有趣的是，伴随着用户鼠标的移动，始终跟随着一处暖黄色的光晕，让人倍感温暖，也更传递出企业的文化内涵。

图4-19　仪式感设计的网站

3. 游戏感设计

设计师在设计网站时可以在网站中注入游戏的机制或者娱乐元素，充满游戏感的网站设计通常都能令人兴奋愉悦，即使网站融入了最简单的游戏元素也能让整个网站体验更加生动活泼，更加让人记忆犹新。如图4-20所示，网站是日本一家动物园的网站首页，在这个色彩活泼的页面上为用户展现了动物园所处的位置，并以行驶的车辆等动画为网页赋予了活力，用户可以与网站上的动物进行互动，增加了网站的趣味性。长期看来，游戏感的网页设计仍然是一个设计趋势。

4. 诗意感设计

诗的美在其意境美，人们在阅读诗歌时总会涌起思绪万千。同样，网页设计也可以创造这种诗意感，如图4-21所示，该化妆品网站以简洁的图形透出自然的木纹背景，随着用户鼠标的滚动，图形随之切换，以微动画的形式逐一展现出花朵、石头、绿叶等图片，这样的设计能让用户感到放松，唤起人类对大自然及世间万物的感情。

图4-20　趣味性设计的网站

图4-21　充满诗意感的网站

5. 故事感设计

设计师可以通过塑造视觉、听觉等不同交互方式的体验去呈现故事感，让用户体会网站讲述的故事，体验丰富的情感，充满故事感的网站会令用户回味无穷。奥林匹克纪念网站如图4-22所示，进入网站滚动的年代数字仿佛会把用户带回到当年的奥运会现场，赛场上的呐喊声不绝于耳，网站下方每个年代的奥运会logo都可以像翻书一样进行翻阅。

图4-22　奥林匹克纪念网站

4.5　案例赏析：Demophorius 网站交互情感化设计

Demophorius是一家医疗器械企业，该网站打破了用户对于医疗器材严肃沉闷的印象，用户在进入网站的第一眼，就会留下深刻的视觉印象，屏幕上流光溢彩的各色光晕搭配简约现代的黑色图形进行设计，体现出时尚感和科技感。在交互设计上，该网站将情感化设计的四项原则体现得淋漓尽致，整个网站充分体现了企业对于美与技术精益求精的态度。

如图4-23所示，该网站功能结构清晰，导航将网站主要功能划分为公司简介、公司技术、公司产品等，在首页展示最新产品、实验室、公司发展史。如图4-24所示，在右上角增添的按钮图标，点开可以一目了然地看到整个网站的所有功能。该网站直接用文字进行导航，避免了图形可能导致的理解错误。用户如需了解更多信息，可以直接点击文字链接。如图4-25所示，该网站的易用性设计较为出色，在公司产品、公司技术等不同页面，采用了紫红、蓝绿、橙黄等不同的背景色，暗示了用户所处的不同位置，每一件产品在鼠标经过时，都进行了背景色变白色的高亮处理，尺寸也相应缩小。整个网站的背景添加了流光溢彩的光晕，这些漂浮着的光晕不仅不会影响阅读，反而会给用户留下深刻的印象，让人体会到诗意、浪漫、科技感。如图4-26所示，在企业发展史的这个网页中，展现了企业从1996-2021年的发展历程，以卡片式的照片和文字讲述故事，用户可以用鼠标依次点击卡片进行浏览，非常具有仪式感和故事感。

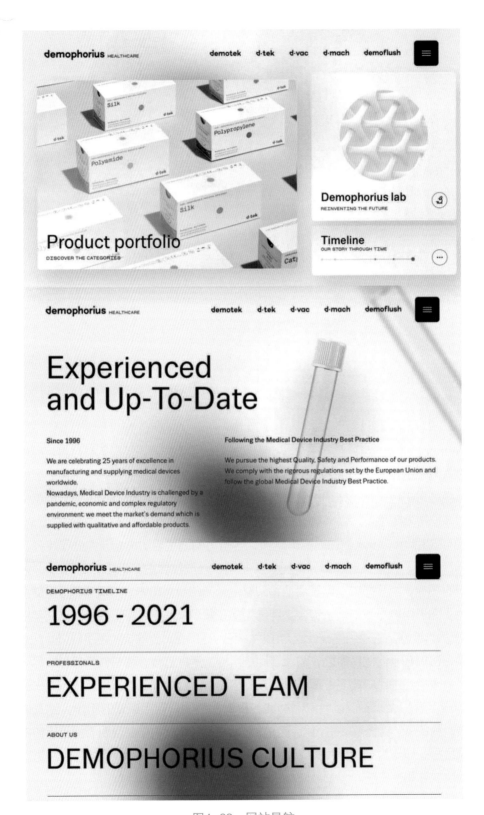

图4-23　网站导航

图4-24　网站的所有功能

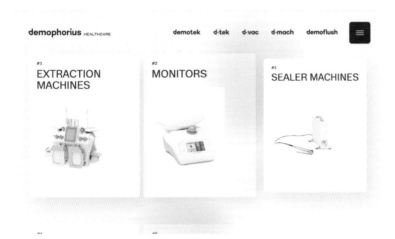

图4-25　鼠标经过产品时图片背景变白色并缩小

图4-26　卡片式的企业发展史展示

4.6　小　　结

　　本章我们介绍了网站交互情感化设计的四项原则：功能性原则、易理解性原则、易用性原则和感受性原则。对于网站情感化设计来说，功能性原则是基础，易理解性原则是关键，易用性原则是核心，感受性原则是根本。设计师需要多看优秀网站，多体会这些网站交互四项原则的设计，在实践中用心感悟，努力设计出优秀的作品。

第5章

网站交互元素的
情感化设计

　　在网站交互情感化设计过程中，最重要的中间媒介是交互元素。用户与网站进行交互必须依靠交互元素，所有分布在网站界面上、可供互动的媒介都可统称为交互元素。网站交互元素作为网站与用户之间建立有效的链接、准确地执行用户操作命令的媒介，关乎用户的基本使用需求和心理感受。在网站交互情感化设计基本原则的前提下，设计师必须重视网站交互元素的设计。当今用户对网站交互元素的要求已不仅仅局限在功能的实现上，用户更希望看到操作更加人性化、让人眼前一亮的设计。部分设计师认识到交互元素在实现网站功能上的重要性，也能设计得较为美观，但是忽视了网站交互元素的情感传递。本章将介绍网站图标按钮、导航栏菜单、交互文本框、注册与登录等交互元素的情感化设计方法，以及阐述如何让交互元素既能准确地展现功能、表达信息含义，又能让交互过程成为一种美好的体验和精神享受。

5.1 按钮图标的情感化设计

图标可以把复杂的交互流程视觉化、形象化、生活化，供用户识别、操作、记忆。图标是界面设计中最基本、最重要、发展速度最快、迄今为止发展最为完善的交互元素。图标可分为系统程序图标、应用软件图标、工具栏图标以及按钮图标。网站设计中，最为常见的是按钮图标，按钮图标形似现实生活中的按钮，点击、触碰后具有链接功能。网站按钮图标的情感化设计是一项系统的工程。网站交互元素的情感化设计包含用户眼睛所见到的外观、耳朵所听到的声音、肢体所要完成的操作以及内心所能体会到的情感等。

1. 按钮图标的基本规格

网站按钮通常是指由一个图标来代表入口，它能够直观地表达功能状态，多数按钮图标是模拟生活中用户熟知的按钮属性而设计的，带有相对明显的可以点击的信号。原则上来说，单个图标的尺寸在12×12px、16×16px、24×24px、32×32px、48×48px、57×57px、72×72px、128×128px、144×144px等。移动设备上的使用的图标尺寸应考虑手指触摸面积，通常在64px×64px至96px×96px之间。图标色彩分为16位色、24位色、32位色图标，实际应用中，最常用的是24位色，至于32位色是用来体现半透明的程度的，视觉上实际和24位色并没多大差别。图标的常用格式：png、gif、bmp、ico(icos)和icns。

按钮图标的设计要把握通用、常见、易于理解，降低用户的认知成本的原则。同时，按钮图标的状态，可以让用户知道这个按钮当前是在进行哪一种操作，从而方便帮助用户进行判断。图标所具有的作用除了供用户识别外，还可以供用户点击，完成链接和移动对象的请求。无论何种动态变化效果，均属于对用户交互行为的必要反馈，以及准确地执行用户命令。如图5-1所示，根据用户在操作时的流程，通常将按钮的状态分为以下五种：常规状态（normal）、悬浮状态（hover）、点击状态（click）、加载状态（loading）、不可点击状态（disabled）。所有按钮图标，都必须至少满足两种状态——常规状态和点击状态，最好还要有鼠标经过的悬浮状态。常规状态和点击状态需要视觉上给予反馈，否则在点击过程中会显得过于生硬，给用户造成反馈比较迟钝的感觉。悬浮状态一般会采用叠加灰色或高亮的设计，不可点击状态通常选择用灰色块，也就是常说的"置灰"。

保 存	保 存	保 存	◯	保 存
常规状态 （nomal）	悬浮状态 （hover）	点击状态 （click）	加载状态 （loading）	不可点击状态 （disabled）

图5-1 常见的按钮图标的五种状态

2. 让按钮图标具有人情味

视觉设计元素也可人情味十足。网站最先传递给用户的是视觉外观，用户看到后会产生多种情感感受，网站按钮图标通常能够传递情感和内在价值：这个网站是活泼的还是严肃的？这家企业是可靠的还是有欺骗性的？这件商品是高级的还是低廉的？设计师需要有意识地去思考利用网站按钮图标的视觉设计风格，来拉近用户与网站的情感距离，从而获得更多的目标用户群体。具体方法有以下几种。

（1）运用色彩激发情感。通常情况下，图标不会单独出现，而是多个图标的排列组合。因此，鉴于整体秩序感的需要，图标色彩必须做到统一且具有丰富的变化。按钮图标的色彩应当与网站的整体风格保持一致，在色彩和质感上保持和谐关系，并且功能或性质相同的按钮图标，其色彩、大小、形状都应与网站整体规划保持一致性。比如色彩的饱和度、色彩明暗等要统一，以保证色彩传递的情感能够和谐统一。如图5−2所示，该语言学习网站上各国语言图标设计都是饱和度较高的色彩，每个图标都使用两三种颜色，以蓝绿黄红为主，传递出明亮、新奇、有趣的情感。

图5−2　语言学习网站

（2）利用扁平化风格打造简洁感。近年来虽然出现了许多新的设计风格，不过扁平化风格依然是主流。扁平化风格的中心意义是去除冗余、厚重和繁杂的装饰效果，它具体表现在去掉了透视、投影、纹理、渐变效果，通过极简化的设计让"信息"本身作为核心重新突显出来，如图5−3所示，扁平化风格的按钮图标在设计形式上摒弃了各式各样的纹理背景，摒弃图形凹凸感、文字阴影等，强调抽象、极简和符号化，使得界面呈现出干净、整洁、清爽的美感。扁平化风格是目前较主流的风格，扁平化设计将继续影响网站和移动设备设计行业。在扁平化风格的基础之上，延伸出长投影、投影式、渐变式等风格。

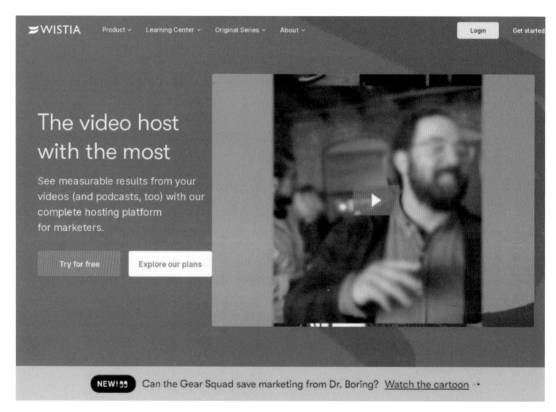

图5-3　采用扁平化风格图标的网站

（3）采用插画风格营造亲切感。插画风格是近年来比较流行的图标设计风格，它被很多年轻人所接受的，这和当代年轻人追求更加轻松的生活方式有关。尤其是对于看着动漫长大的年轻人，他们的审美取向更青睐于Q版的、卡通风格的图标。如果想要为用户传递轻松、趣味的情绪，就可以大胆采用插画风格的图标按钮设计。如图5-4所示，插画风格的图标设计让人倍感亲切，温暖柔和。

（4）利用透明风格拒绝烦乱感。透明风格的设计是当下流行的按钮图标设计趋势，透明风格的按钮通常是指"幽灵按钮"（ghost buttons），如图5-5所示，"幽灵按钮"背景透出，图标外仅以线框示意轮廓，图标内只用文字示意功能复杂色彩、样式和纹理，与整个网页背景合而为一，"薄"和"透"是这种设计的最大特色，"纤薄"的视觉美感成为网页设计图标按钮的新趋势。设计师要注意强化图片清晰度和色彩的明暗饱和，按钮内字体的粗细，背景采用的高斯模糊，以及区分点击前和鼠标经过时的两种状态。

（5）挑选符合主题的设计风格。图标按钮可以是不同风格、不同材质的，但需要与网站的主题和设计风格相符。如图5-6所示，网站采用了手绘漫画的风格，绘制了形形色色的旅游观光客的形象，在网页右下角的发送邮件的按钮图标，也被设计为了街头上的红色邮箱，非常得精美、独特。

图5-4　采用插画风格图标的宠物医院网站

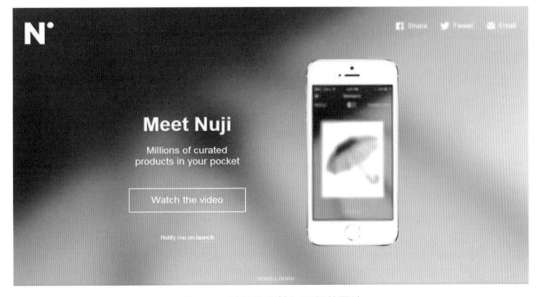

图5-5　采用幽灵按钮图标的网站

3. 让按钮图标温暖人心

按钮图标作为用户与网站互动的工具，它的情感化设计不仅要在视觉设计上体现出人情味，还应该在交互设计上传递出暖心、愉悦、舒适、畅快的感受。设计师在进行按钮图标的交互设计时，可以从以下三个方面进行思考。

（1）依据实际情境合理设计，反映用户情感。按钮图标的交互设计需要符合实际情境，再简单流畅的交互设计，如果不符合相应情境，也可能引起用户的不满和反感。情感化设计的目标实际上依赖于具体的情境：谁是用户？他们在做什么？他们的目标是什么？如果仅仅一味地遵循规则，而不联系与所设计网站的用户的目标和需求，是无法创造出打动人心的设计的。如图5-7所示，bilibili网站的登录页面，当用户输入密码时，上面的人物还会可爱地捂住双眼，传递出一种俏皮可爱、安全隐秘的情感体验。

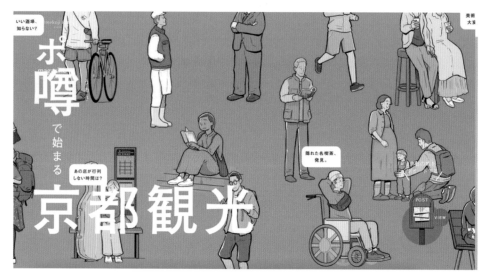

图5-6　风格独特的京都旅游网站

图5-7　bilibili登录页面

（2）根据内容进行动态设计，建立情感联系。在网站按钮图标设计过程中，我们不仅可以用静态的方式来表达情感，还可以用动态的方式来建立情感联系。在扁平化设计趋势下，图标的造型设计日益简化，图标的指代性设计越发困难，设计师在不断凝练图形语言的同时，还可以根据内容进行动态设计，来明确提示图标的含义及功能。比如通过临摹微交互、微动效等手段将情感凝结成图标，方便用户以最快的速度理解按钮图标的情感内涵，提升界面的使用效率和用户体验。这种动态设计方式在很多社交网站和社交App中运用较为广泛，如图5-8所示的即刻App的界面截图，在即刻App中，不同兴趣圈信息下方的按钮图标，会根据圈子内容显示不同的点赞手势图标。比如"喵星人的日常"圈子，下方是小鱼造型的按钮图标，而"街头摄影"圈子，下方是相机造型的按钮图标，最暖心的是"今天不开心"这个圈子，下方是两个相互拥抱的小人造型的按钮图标，当有"即友"发布不开心状态的时候，下方会呈现出这样的拥抱造型的按钮图标，可谓是温暖人心的情感化设计。

图5-8　即刻App圈子界面

（3）根据主题进行个性设计，激发用户好感。由于每个网站的主题都不尽相同，按钮图标的种类与场景都比较多，交互设计需要"因地制宜"地进行个性化设计，在无形中提高用户的识别性和记忆性，激发用户好感。如图5-9所示，网站整体采用手绘漫画风格，在鼠标经过每一项旅游项目介绍时，会叠加观光客的背影，仿佛是游客在进行围观，有的是一位游客的背影，有的是一对情侣游客的背影，有背着大提琴的游客，也有抱着小孩子的一家三口，这样的交互设计为网站增添了温暖的情感。

图5-9　旅游网站的交互设计

5.2　网站导航的情感化设计

网站的导航是网站界面的必要元素，是帮助用户穿梭于网站中各路径的"路标"，它的呈现方式可以是一组图形、一行文字、一组图片；也可以是一句音频、一段视频、一帧动画。在功能上，良好的导航设计能更好地体现网站的整体结构和传递网站内容，有效引导用户迅速找到感兴趣的页面信息。在视觉设计上，导航设计要"因地制宜""因人而异"，导航的形态应与网站情感保持一致，美观的导航会提升网站的精美程度。导航的情感化设计是一个新兴的设计领域，情感化设计目前已经运用到了App应用软件的交互体验中，我们将通过网站导航的类型、网站导航的情感需求、导航的情感触发等不同层面立体多角度地了解网站导航的情感化设计。

1. 网站导航的类型

不同类型的导航各司其职，它们具有不同的功能。根据网站导航在页面中的不同的布局形式，常见的导航类型可以分为主导航、次级导航、搜索导航和面包屑导航等四种类型。

（1）主导航。主导航作为整个网站的核心导航，它概括了整个网站的主干，展示了整个网站的逻辑架构，并且提炼了网站内容的主题和方向，使得用户能够在各个逻辑层次之间往返、切换。在大部分时间里，网站的主导航应该是处于一个固定的时间，保持统一的样式，在每个网页的显要位置进行展示，这样才能更好地指引用户进行浏览。不管用户身处网站的哪一个页面，都能通过主导航去浏览网站的其他页面，如图5-10所示，主导航通常设置在网站的顶部，以简约、直观的风格水平方式展现。

图5-10　网站顶部的主导航

（2）次级导航。次级导航作为主导航的扩展和补充，保证了网站具体内容的有效传达，用户对于交互的体验也大多是贯穿于各导航之中。次级导航为网站的上一层、同一层、下一层网页提供了路径，也是用户在网站信息空间内至邻近位置的路径。次级导航与主导航共同展示了网站的逻辑架构，实现了各个网页界面之间的跳转。次级导航的形式多为下拉式菜单（配合顶部水平导航使用）或抽屉式菜单（配合侧边垂直导航使用）。如图5-11所示，网页顶部为主导航，左侧边为抽屉式的次级导航。

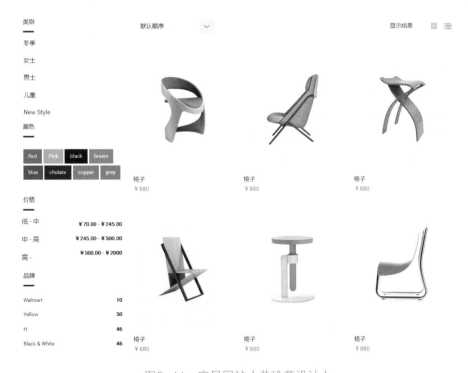

图5-11　家居网站（黄珍莹设计）

（3）搜索导航。对于清晰明确自己想要找到信息的用户来说，很难通过浏览所有分类信息和所有链接来找到目的内容。通过引入搜索导航，用户可以在搜索框内输入关键词，然后点击"搜索"按钮，网站会出现与关键词有关的信息列表。如图5-12所示，网站搜索导航被放置在网页比较明显的地方，并结合了搜索按钮，以便于用户访问。在网站内容丰富、信息结构复杂时，就有必要进行搜索导航的设计。然后，用户就可以在信息列表里面挑选自己需要的信息并点击查看，用户就能很快地找到自己想要的网站信息了。

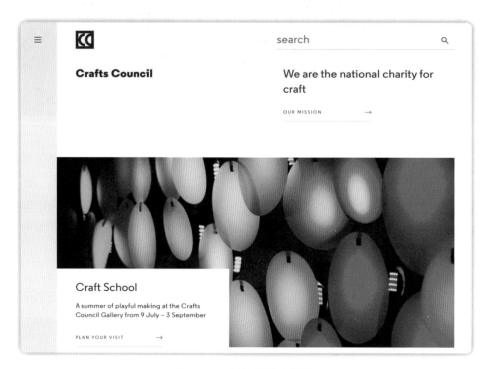

图5-12　网站的搜索导航

（4）面包屑导航。面包屑导航(breadcrumb navigation)的概念来自"汉赛尔与格莱特"的童话故事，汉赛尔和格莱特穿越森林时意外迷失了方向，但是他们发现之前沿途走过的地方都撒下了面包屑，最终这些面包屑来帮助他们找到回家的路。因此面包屑导航就像是一盏明灯，可以让用户知道自己在网站中的位置，也能了解自己该如何返回。如图5-13所示，在腾讯课堂网站中的面包屑导航，可以让用户知晓当前所在的网站位置，并能迅速把握整个网站的结构，拥有良好的方向感，它为用户提供了一个快捷的回溯通道，从而让用户的操作更便捷。

2. 网站导航的情感需求

面对网站海量的信息，用户很难在短时间内找到自己需要的信息。用户对于网页导航的情感需求，就是期望导航能够指引他们达成全部的任务，网站导航设计需要从内部去理解用户的目标，只有如此，才能让导航真正满足用户的情感需求。具体来看，用户对网站导航有以下三个情感需求。

图5-13　腾讯课堂网站的面包屑导航

（1）范围感。一个网站到底有多大？这是很难确定的。网络世界让用户在如迷宫般庞大的网站中，无法直观了解网站的范围和结构，很容易在网络中迷失方向。在网站中设计一个合理的导航系统就显得尤为重要，它可以让用户清晰明确地获取自己所需要的信息。

（2）空间感。网络世界是一个抽象的世界，人们在网站获取信息的时候，缺乏像在现实空间里的方向感。网络世界里并没有空间的概念，所谓"上"和"下"指的是网站逻辑架构里的"上"和"下"。网站导航必须提供完整的逻辑层次，才能让用户能够更好地了解整个网站的信息层次，并能及时、准确地找到所要搜寻的讯息。

（3）位置感。网络世界的位置与物理世界有所不同，它是一种逻辑上的层次结构。网站导航系统的结构应当是清晰的、合理的，能够帮助用户获得网站信息、网站服务，同时还能避免用户在网站里迷失方向。设定有效的导航系统可以让用户在信息的迷宫中安全、快速地到达目的地。网站导航必须给出用户在网站中所处的位置，便于用户知道"我在哪儿？我去过哪儿？我可以去哪儿？"

3. 导航设计应体现情感关怀

随着科技的发展，用户对网站情感的需求越来越高，情感的触发往往是一瞬间，最多持续几秒钟或者几分钟，但情感的触动可以引发用户的核心情感的变化，关系到使用网站的心理感受。当今的设计师越来越重视"情感化设计"的理念，在网站导航的设计上，对网站导航的情感触动进行了探索性设计，体现出产品设计中的情感关怀，提升了网站的可用性和用户友好性，进一步激发了网站的情感因素。

（1）个性化的导航排列方式。传统的导航方式通常是规整地排列在网页的顶部、底部或者侧边，如果能创新导航的方式，会让用户眼前一亮，记忆深刻。如图5-14所示，该网站导航打破了传统的规则和秩序，采用卡片式的排列，传递出自由、活泼的情绪。

图5-14　采用卡片式导航的网站

（2）新奇有趣的导航动画效果。如图5-15所示，ICS艺术学院的建筑设计毕业展网站，采用了较为独特、新奇、有趣的导航形式。在没有点击的情况下，这个"menu"导航图标是一个小圆形，当用户按下导航图标后，会出现一个放大的圆形导航结构，非常容易理解和使用。从交互动画的效果来看，弹出的圆形动画效果非常新颖，能给用户带来一种全新的互动体验，并且动画效果非常顺畅，没有任何卡顿，带有旋转的动画效果更是让人百看不厌。

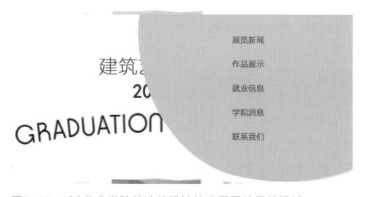

图5-15　ICS艺术学院的建筑设计毕业展网站导航设计

（3）精美的导航微交互细节。人们常说细节决定成败，在网站的细节之处增添能打动人心的设计，可以让用户感到惊喜和满足。如图5-16所示，在该网站中，设计师采用了极简的设计风格，将导航简化为两条横线"="，但是简洁不代表简单，随着鼠标方向的改变，两条横线会左右交错，点开双横线后，导航展开铺满整个页面，图标变为"—"，意味着再次点击将缩回"="，并且将鼠标移动到"—"，会呈现出"×"表示关闭。并且整个过程都有很精致的动画效果，为用户带来了简洁、精美的细腻感受。

图5-16　简约不乏细节的导航设计

（4）注入品牌价值和认知的导航。网站品牌设计主要包括品牌logo、品牌标语、品牌用户体验等。优良的网站设计可以帮助消费者对品牌形成认知，产生对品牌稳定、一致、积极的情感共鸣。作为网站品牌用户体验的核心——导航，对弘扬品牌价值有着巨大的作用，导航的情感化设计可以增强用户对品牌的认可，与品牌形象产生共鸣。一个能打动用户内心情感的导航往往会给用户留下深刻而美好的感觉，增强用户对网站品牌的忠诚度。网站导航的品牌情感化设计有三个原则：一致性，关联性，独特性。我们以百度网站导航的品牌情感化设计为例，分别是百度文库、百度学术、百度贴吧，如图5-17所示。那么这三个同一品牌不同类型的网站导航，是如何进行品牌情感化设计的呢？一是力求一致性。三个网页都采用了百度的品牌标准色中的浅灰色和蓝色这两种颜色作为标签导航颜色，能够让用户一眼就认出这是百度旗下的产品。并且都在顶部保留了百度产品标签导航的构架，在导航结构上形成统一，让百度图片、百度视频等产品都出现在上方，增加用户黏性。二是保持关联性。从这三个网站的导航设计可以看出，由于它们是不同类型的产品，所以次级导航的色彩、大小、布局都不相同，但从整体来看它们之间也存在着内在联系，三个产品的页面都在搜索导航旁边放置了百度logo，可以加深用户对品牌的认知和记忆，也更方便返回首页。三是追求独特性。这三个网站的用户需求和功能都是不同的，所以导航设计也要"和而不同"，根据内容不同，百度文库的导航基本以标签和链接为主，能清晰体现文库内容。百度学术在右侧使用了较多的方块状图标导航，显得清新、严谨。百度贴吧采用了较多的图片导航，使用户有轻松愉快、丰富多彩的感觉。

图5-17　百度文库、百度学术、百度贴吧导航（从上至下）

5.3 重要交互控件的情感化设计

网站的交互元素除了我们前面讲到的按钮、导航、转场以外，还有一些非常重要的控件，它们与用户的情感体验密切相关，比如，下面我们要讲到的是交互文本框、搜索框、登录与注册。对于这些交互控件的情感化设计，设计师应该更加注重可用性，不断对这些交互空间进行迭代、优化和拓展，以适应更多的应用场景，设计师还应当考虑补充合适的动效设计进行信息反馈，提升情感化设计的细节。

1. 交互文本框的情感化设计

网站在实现写评论、填问卷、注册等功能时，通常需要采用交互文本框。交互文本框指网页界面中，供用户直接输入或反馈文本信息的输入框。设计师可以在这些看似很普通的地方稍加用心，注重设计细节，使用户的注意力更集中，跟随设计的指引愉快地完成操作目标，从而提升网站情感体验。交互文本框的结构包括可见和非可见两部分，如图5-18所示，可见部分通常由标签Label、提示信息、输入框、功能性图标、内容、反馈六部分组成，非可见部分指文本框的校验形式（即时校验、失焦校验、提交校验）和校验方式（前端校验、后端校验）。例如，用户名、密码、E-mail地址的单行文本框或供用户发表评论和留言的多行文本框。

图5-18 文本框的组成示例

（1）标签的设计要尽量精简。美国心理学家乔治米勒对短时记忆能力的研究发现人类大脑最好的状态能记忆含有7±2项信息块，根据这个（7±2法则），我们设计信息组块时，最好能保持在5~9个的范围里面，这是交互设计中的一个常用法则，为了给用户提供清晰的信息，标签（Label）设计要足够精简，删除多余的信息，并根据输入内容进行设计，比如数字输入文本框最好进行分栏设计。

（2）文本框的长度和宽度要视内容而定。单个文本框的长度尽量根据字数的多少来设置，让用户在操作前便产生心理预期。字数较多时采用文本域，文本域的高度随输入内容拉伸,根据页面情况确定是否需要限制最大高度。

(3)文本框之间的距离要适中。设计师应该注意文本框之间的距离、Label与输入框之间的距离、Label之间的距离等,适当的间距会带给用户舒适的感受。如图5-19所示,标题文本右对齐的方式导致视觉隐形边界混乱,用户视觉轨迹被打乱,显然不如标题文本左对齐的方式那么规整、协调。

图5-19　文本框距离对比

(4)文本框颜色要符合用户认知习惯。文本框不同的状态要对应不同的颜色,以便及时反馈给用户当前的状态。默认情况下一般为灰色,蓝色代表文本框被激活、处于输入状态,红色代表产生错误、异常,黄色代表警告和提示,绿色代表正确等。

(5)文本框的文案设计应该更加人性化。如图5-20所示,在cupid的交友网站上,用户输入自己所在的地点,系统立马就会非常积极地作出反馈:一个简单的"Ahh"体现出了网站的热情友善,仿佛在说"好的!你好呀!"或者"欢迎光临!"。文本框的反馈会让网站注册不再是一件令人头痛的事情,而是让网站更具人性化。

图5-20　注册输入框

2. 搜索框的情感化设计

可能很多人认为搜索框不需要设计，毕竟这只是一个简单的元素。然而，在内容复杂的网站中，搜索框是一个非常重要的输入控件，如果没有搜索框，即便网站内容分类整理得再好，用户也没有办法及时地找到自己想要的目标。当用户遇到信息相对复杂的网站时，搜索框的设计就显得尤为重要，用户会立即寻找搜索框，以达到最终目的。一般情况下，网站搜索框在最明显的地方，比如首页顶端，并且搜索框应该是展开的、用户直接就可以点击输入的。搜索图标通常采用放大镜图标来表示，跟前面的文本输入框一样，搜索框显示默认的输入内容，这个内容可以是用户上一次的输入，或者最近的热门搜索。关于搜索框的情感化设计，有以下五点建议。

（1）确保页面都有搜索框。网站应始终对每个页面的搜索框提供访问权限，因为不管用户处在网站的哪个位置，如果用户无法找到他们想要查找的内容，他们就可以使用搜索功能进行查找。如图5-21所示，当当网的搜索框处在每一个页面的最顶端，以最明显方式引导用户。

图5-21　当当网每页都有搜索框

（2）采用自适应字段大小。对于一些经验不足的设计师而言，输入字段太短是一个常见的错误。当然，用户可以输入一段较长的字符进行查询，只是网页智慧显示一部分文本，另一部分文本则不可见，这就导致用户不能方便地浏览和编辑他们的查询，影响了网站的可用性。如果搜索框只能让用户输入有限的文字，那么用户就会被迫用简短的文字来进行查询，从而无法准确表达他们的真实目的。而如果输入区域能按照用户期望的样子来调整尺寸，则更容易达到查询目的，让用户有更佳的使用体验，例如百度的查询可以输入38个汉字，这个长度能覆盖绝大多数用户的检索需求。

（3）保留搜索记录。用户之前的搜索记录应该保留，这样用户在点击进入搜索框的时候，能够将早前的搜索显示出来，用户可以直接点击来完成输入，这可以极大地方便用户进行输入，如图5-22所示，京东网站保留了搜索记录。

图5-22　京东网站保留搜索记录

（4）告知搜索进度。用户在完成搜索输入后，系统需要给用户即时的反馈。系统进行搜索有可能会比较耗时，尤其是内容多的情况下。搜索进度反馈可以告知用户系统正在搜索中，你可以先给用户呈现没有内容的空白框，让用户知道内容正在准备中，等完成数据的准备后，再将内容展示出来。如图5-23所示，dribble的首页加载就是用这种方式，预先加载图片的主色。为了更好的用户体验，设计师还会采用一种方式，就是通过延时加载的方式去呈现数据——先将一部分内容展示出来，让用户先看，然后在后台继续加载后面的内容。而不是一次性获取到所有的数据之后，再展示内容。

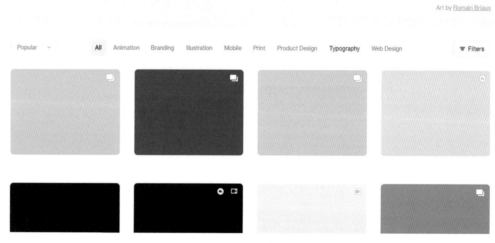

图5-23 预先加载

（5）采用自动建议机制。对于那些没有结果的搜索，不应该简单地给用户呈现一个空白页，而是对用户的搜索提供建议，或者给用户推荐内容。自动建议机制能够帮助用户根据他们输入的文字进行预测，从而找到理想的结果。自动建议机制并非加速搜索的进程，它的作用在于引导用户和帮助用户建立搜索请求。如果用户在首次查询时没有获得理想的结果，也许他们就放弃搜索了。更好的做法是自动建议机制可以帮助用户更好地表达他们需要的搜索查询。如图5-24所示，淘宝网站的搜索自动建议机制，会提示正确的商品名称，以及"您要找的是不是……"。

图5-24 淘宝网站的搜索自动建议

3. 注册与登录框的情感化设计

对于那些与用户账户相关的网站里，注册与登录是必不可少的行为。注册与登录框是一种很简单的输入控件，一般情况只有用户名和密码的输入，外加一个确定按钮；但它却又很重要——只有登录才能读取和保存用户的信息。注册与登录框的情感化设计，需要注意以下几个问题。

（1）网站注册和登录的样式避免雷同。由于注册和登录的行为很相似——输入用户名和密码，点击按钮，因此很多网站会将注册和登录设计得一模一样，仅仅是按钮的名称不同。但这样容易让用户混淆自己是在注册还是登录状态。例如图5-25的注册和登录的设计就过于雷同，而图5-26中的设计就相对更好。

图5-25　雷同的登录与注册设计

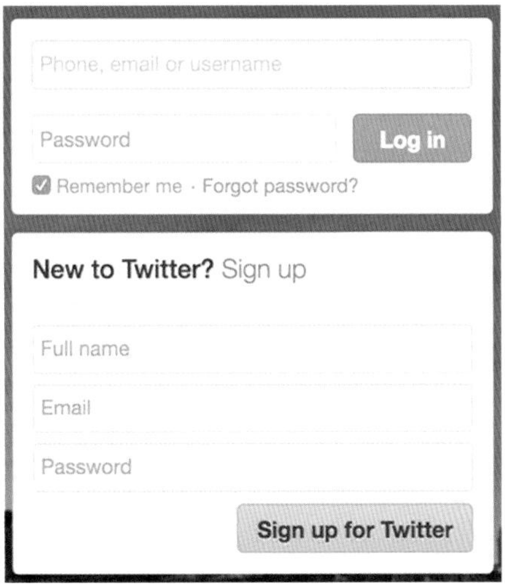

图5-26　较好的登录与注册设计

（2）网站应该尽可能地提供联合登录。人的记忆力有限，每一次注册和登录的过程枯燥乏味，还很难记住这些账户的密码，使用微博、QQ、微信、抖音等社交账号的联合登录，可以大大降低用户的操作门槛和记忆难度。如图5-27所示，今日头条的登录有多种方式，默认登录账号为最常用的手机号，也可以采用其他社交账号登录。

图5-27　今日头条的登录与注册

（3）网站应该让用户选择能够看见自己输入的密码。密码通常默认以圆点或星号显示，但为避免用户输入错误，或者输入不一致，可以让用户选择能够看到自己输入的密码。如图5-28所示，在雅虎的邮箱注册过程中，用户可以切换输入密码的"显示"或"隐藏"。

图5-28　雅虎邮箱的登录与注册

（4）网站应尽可能让用户用手机号登录。因为手机号是用户唯一的，这样用户在注册时就不用不断地尝试以找到一个不重复的用户名，同时也让用户更容易记忆。如图5-29所示，百度邮箱的注册和登录非常简单，都采用了用手机号作为默认登录方式。

图5-29　百度账号的注册页面

（5）网站应给用户提供保持登录的选择。如果用户在公共场所访问网站，用户有可能不想保持登录；但当用户在自己私人的地方登录时，则可能更希望能够保持登录。如图5-30所示，让用户可以选择保持登录，这样用户就不用每次打开应用的时候都要登录一遍。网站还应提醒用户大小写，如果用户在输入时切换了大小写，或者一开始的时候用户的键盘就是大写输入状态，应该及时给用户提示。

图5-30　提供保持登录选项

5.4　案例赏析：加拿大航空网站交互元素的情感化设计

航空公司网站往往功能较多、信息较为复杂，如何将航空网站设计得兼具功能与美感，我们来看一下加拿大伊努伊特(air inuit)航空公司的官网。如图5-31所示，该网站保持了公司的形象标志，logo采用橙色的因纽特语和黑色的英文组合而成。网站的交互元素设计采用了扁平化风格，简约大气，又精致美观。右上角安排了主要功能板块：订机票。该板块以机票的轮廓进行设计，上面的虚线、圆缺角让人联想到愉悦的行程即将开始，极具创意和人情味。用户通过选择单程、往返，然后依次选择出发地点、终点、日期、乘客等信息，交互元素图标色彩明快、表意清晰、规范统一，操作流程快捷方便。该网站体现了情感化设计的作用——漂亮的外观、简洁的交互、愉悦的体验与回忆。

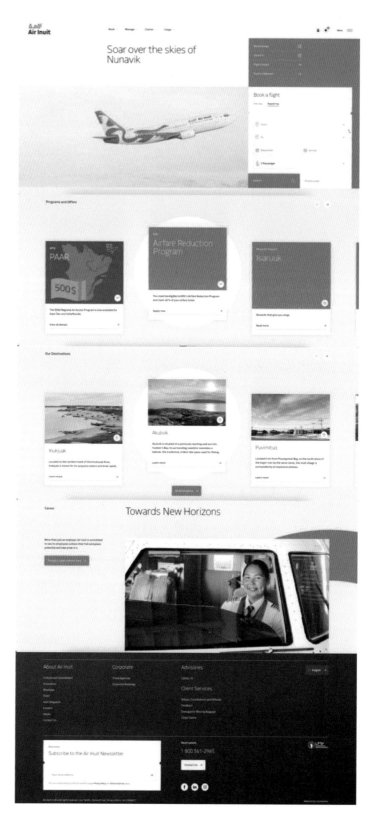

图5-31　交互元素设计官网

5.5　小　　结

　　用户在使用网站交互元素时，不仅仅是完成链接，更重要的是交互元素是否符合自己认知，能否获得贴心的交互体验，能否带来美好的感觉，能否产生情感共鸣。网站中按钮图标、导航栏、搜索框、文本框、登录与注册交互元素的情感化设计并非相互独立的，也不是厚此薄彼的，而是相辅相成的关系。在实际工作中，网站界面设计师负责交互元素的视觉外观设计，包括尺寸、状态、风格的设计，工程师则为交互元素的交互提供技术支持，用户体验设计师负责改善网站的体验。网站交互元素情感化设计首先应该注重易懂性，注重对信息的准确转义，及时反馈用户的操作，为用户提供便捷、舒适的交互体验，其次才是交互元素的美观性，让用户在网站交互过程中产生愉悦的情感。

第6章

网站交互动效的
情感化设计

在网站情感化设计过程中，给用户营造愉悦的体验核心设计要点就是让用户与网站交互感到愉悦。有些网站总是表现得平平无奇，让人感受不到愉悦和惊喜。试想一下，用户进入网站，伴随着鼠标滑动、点击、长按等交互动作，页面上不断产生优美有趣的动效，会让用户产生沉浸感，从而更愿意停留在网站中浏览。上一章介绍了网站交互元素的情感化设计，本章主要介绍网站交互动效的情感化设计。目前设计师主要是通过动效和微交互设计，让用户感到与网站的互动非常愉悦，其中交互动效起到了至关重要的作用。交互动效是用户与网站进行交流互动时以动效的形式进行信息传达，本章将从网站交互动效的重要性、创建交互动效的发力点、实现交互动效的方式和技术等方面来讨论交互动效的情感化设计。

6.1 使用户愉悦的动效很重要

"愉悦"是我们在探讨网站情感化设计的时候提到的词。当下,数字化的互联网产品和服务已经深入到我们生活的方方面面,网站体验愉悦与否,除了达成必要的可用性设计,更应该注重交互的体验。在网站设计的过程中,设计师应该将为用户创造愉悦感作为追求的目标,把为用户提供满足感作为一种常态。网站交互所触发的事件的呈现效果,可以很大程度上决定网站体验愉悦与否,设计师能在网站交互过程中多花一些心思,多注重动效的设计,这样就能取得事半功倍的效果。

就像前面讲到的其他设计元素一样,愉悦的动效设计能够让用户更舒适、更快乐地使用网站。愉悦的动效设计主要通过两种路径。一是动效设计能让网站用户更具有参与感。动效并不仅仅是一种娱乐手段。它们在整个设计当中承担着极为重要的作用和任务,是用户体验的黏合剂,增强了用户界面的可访问性,让界面更易被理解。二是动效设计能让网站更富有情感。网站中增添有趣的动效,有利于在用户心中建立良好的第一印象,能够让网站更加人性化,能让用户与网站更容易产生情感共鸣。具体来看,愉悦动效的重要性主要体现在以下7个方面。

1. 缓解用户等待加载时的焦虑感

在网站的使用过程中,用户不可避免地会等待网站加载。作为设计师,可以从用户心理上"缩短"加载等待时间,可以试着让网站加载变得更有趣,让用户在等待的过程中不那么焦虑。因此,可以设计有趣的、让人出乎意料的动效,来吸引用户注意,从而降低他们对于加载时间的关注。如图6-1所示,当用户打开"哆啦A梦"周边产品网站时,会看到一只躺着睡觉的可爱的哆啦A梦,伴随着加载进度,它身后的蓝色圆形会逐渐填充满整个屏幕,睡觉的哆啦A梦也打着哈欠、伸着懒腰,苏醒过来,为用户在等待加载的过程中增添了乐趣。

图6-1 "哆啦A梦"加载动画

2. 建立良好的第一印象

"第一印象"就是心理学上的"首因效应",它是人们根据最初获得的信息所形成的印象，第一印象会影响对后续获得的新信息的理解，因此建立良好的第一印象相当重要。网站的第一印象应让用户对网站产生兴趣，吸引用户浏览。想要树立良好的第一印象，不仅要具有良好的易用性，还要有丰富交互动效设计作为支撑，而运用动效设计引导界面能够给首次进入网站的用户不错的第一印象。如图6-2所示，进入网站后，移动鼠标能让网站界面产生动效，即使鼠标静止，页面上也有细微的动画效果，给人留下精致、现代、时尚的第一印象。

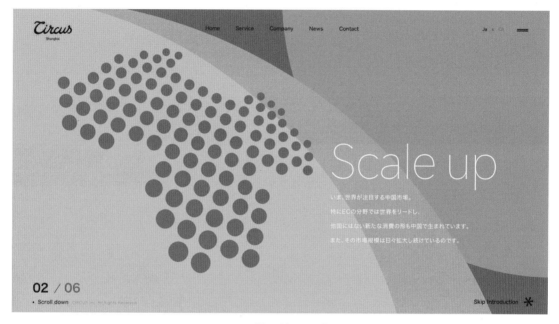

图6-2　首因效应网站示例

3. 提升网站的可用性

网站动效经常与交互相结合，主要用于在用户进行交互之前给予提示，在交互结束后提供反馈，可以让交互过程更加完善，使得界面的使用逻辑更加完整，还可以让用户的体验变得更加细致。如图6-3所示的网站，当鼠标指向网站右上角的MENU菜单，该圆环会产生位移，并随着鼠标停留时间长短填充白色，并且顶部菜单栏和左下角的Scroll都有动效提示用户可以点击或滚动鼠标，这些精细的动效不仅提升了网站的可用性水平，还可以让网站界面显得更加别致、精美。

4.加深品牌印象

如今品牌常常以丰富的动效设计来加深消费者对品牌的印象，并与用户产生情感上的连接，使得用户感受到品牌的设计是有诚意的，并且让用户体验到设计师在品牌背后所作出的努力。如图6-4所示，该网站的加载动画充分运用了几何图形，将logo与四个方格轮流变幻，进入网站后，随着鼠标滚轮滚动，下拉网页后，会动态呈现出蓝、绿、红等不同的色彩，不仅从逻辑上区分了网站内容，更是网站个性化的体现。

图6-3　动效与交互相结合的网站

图6-4　加载动画为网站品牌Logo的网站

5. 帮助用户从意外和错误中恢复过来

　　网站有时会发生一些不确定的因素，比如意外和错误，这些因素不但会影响网站的使用体验，也会对用户的情感产生直接的负面影响，甚至是严重影响用户与网站之间的关系。在这种情况下，一个有趣、精美的动效设计或许可以将糟糕的情形转变成一个轻松、幽默的瞬间。在预防用户陷入网站意外和错误而产生焦虑情绪时，设计师不妨给动效设计一个"拯救用户"的机会。如图6-5所示，针对"404"这种网页意外错误，很多网站都采用了富有创意的动效设计，设计了像宇航员漂浮在外太空、外星人乘坐UFO逃跑、热气球飘走等这样有趣的动效。

图6-5　宇航员失联是常用到的404动效设计

6. 简化复杂的任务

　　网站动效的设计，可以让一个复杂的任务变成一次令人着迷的旅程。电邮营销巨头"猩猩邮件"的设计师，将其功能巧妙地融入幽默的概念和流畅的动效之中，在用户第一次用"猩猩邮件"写信时，界面会运用简单易懂的引导流程帮助用户理解网页的功能，结合有趣的"猩猩"动效缓解用户对未知困难的紧张，让他们可以轻松地应对未知的难题。该网站动效设计告诉我们：不要低估改善用户体验的乐趣，借助动效能够让复杂的任务看起来非常简单，网站之间的差距或许就是那一点的愉悦感。

7. 有效提升交互的质感

　　每个用户都希望能够被认真对待，在网站的世界中同样如此。当用户发现网站和它背后的设计者在花费时间精力帮你提高效率，让你尽快找到你想要的信息时，一定更能对这个网站产生情感联结和共鸣。在网站交互设计中，设计师借助动效和微交互，将愉悦的体验注入其中，强化功能和体验，可以有效提升交互的质感。如图6-6所示，pienso网站的注册菜单，每一个步骤都运用了微交互的动效，用户时刻了解自己处于哪一步，让用户的交互行为非常清晰、轻松、便捷。

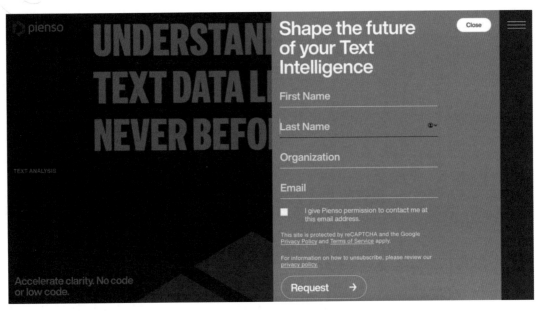

图6-6　pienso网站的注册菜单

6.2　创建愉悦的动效

　　情感化设计的目的是让互动过程变得平等、自愿、愉快，而不是强加给用户。触发网站呈现动画效果的过程，实际上是用户使用硬件设备完成交互的动作，由事件触发变量，再让页面呈现出相应的视听效果。因此在设计愉悦的动效的过程中，设计师需要考虑硬件设备允许的动效设计发力点，并围绕这些发力点思考有哪些更为酷炫的效果，再参考一些优秀案例，创新网站交互效果的呈现形式。

1. 硬件允许的动效设计发力点

　　设计愉悦动效的第一步，首先是要了解硬件设备允许我们设计哪些交互动作，即硬件允许的动效设计发力点。主要分为三类：鼠标允许的交互动作、键盘允许的交互动作、鼠标和键盘组合的交互动作。

　　（1）鼠标允许的交互动作。现在的鼠标可以支持更多功能，但是通常来讲需要严格考虑兼容问题，所以仅以鼠标左右键、滚轮滚动以及光标映射选取为主。鼠标的交互动作主要有：光标选中、经过、左键单击、左键双击、左键连击、左键长按、左键按住拖拽、右键单击、右键双击、右键连击、右键长按、右键按住拖拽、滚轮滑动。以上所有交互动作都应当根据实际场景进行设定，不过鉴于用户习惯，一般不会用到左键连击以及双击右键、长按或拖拽，这些不符合交互手势的舒适度或简化易用的初衷。

　　（2）键盘允许的交互动作。键盘交互支持大量的按键，除去一些全局的功能按键和组合快捷键，在网页交互应用中常见的还可以分为以下几种情况：数值、字母、符号输入、上下左右方向键（特别是在数字漫游网站中应用较多）、用空格切换下一屏、Esc退出视频或全屏查看。

（3）鼠标和键盘组合的交互动作。从硬件设备允许的交互动作来看，用户很少使用键盘组合键或者鼠标与键盘的组合等复杂的交互动作，因此设计师也应该尽可能基于鼠标的交互动作进行设计。除去那些已经被用户明确熟知的交互动作，如有必要情况，应用特殊键盘按键功能或组合动作的时候，应该保证界面上有指引有提示。

以下是根据上述硬件允许的交互动作，设计师可以进行的基本动效设计发力点，也就是我们最常见到的网站交互效果：鼠标经过反馈，常见且重要的交互方式，通过鼠标经过时反馈选中状态或提示相关信息。按钮点击反馈，在鼠标点击后，按钮或控件的颜色形状变换效果，用于反馈点击成功，实现眼手体验一致。按钮长按效果，长按状态的动效示意，通过对长按目标加一动画响应进度或持续的状态，而非单纯的变色或样式切换。完善Loading动画，如点击上传下载更新等，出现对应进度条或Loading动画帮助用户完善体感；内容入出场动效，页面切换加载或滑动页面后，内容采取动效有序地进入场景定格，而非生硬的静态切换。多内容轮播应用，对Banner或其他多个内容展现，进行轮播交互完善和时间细节控制。

2. 愉悦的动效呈现方式

利用鼠标、键盘或是鼠标加键盘的交互动作，可以设计哪些动效，是数不清道不完的。下面，我们将展示17种较为酷炫的、令人愉悦的网站动效设计，为设计师提供可参考的案例，并拓宽设计眼界。

（1）路径动画表现按钮切换。这是目前最为主流的动效制作方法，相比传统的对换或加深图标的方式，它更具个性和视觉观赏性；对设计师来说，就是利用AE导出序列帧，技术来利用序列帧通过CSS3、JS等手段进行网站动画制作。如图6-7所示，我们看到的星形收藏图标，在经过鼠标点击后，先是空心五角星，产生放大缩小，出现一圈光晕，然后四周闪烁"星光"，最终显示填充黄色的五角星效果就是这种方法制作的，看似简单的交互动作却产生了让人赞叹的精美动效。

图6-7　AE制作的收藏动效

（2）制作鼠标跟踪动画。可以适当地做一些鼠标跟踪效果，比如火焰、气泡、光晕等粒子效果。如图6-8所示，设计师可以基于Canvas工具实现网页背景粒子动效跟随光标，并将其作为网页整体的动态背景，或者是某部分背景特效，可以随着鼠标律动起来，增强互动性。

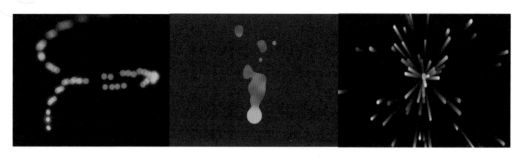

图6-8　Canvas可以实现的粒子特效

（3）运用鼠标滚轮联动。通过鼠标滚动联动其他元素进行交互变化，来呈现更有创意的场景切换或内容展示。如图6-9所示，该网站以圆形取景框展现图片，下方有一个鼠标滚轮图标，提示用户可以操作滚轮放大或缩小圆形取景框，特殊的交互动作产生了别具一格的设计效果。

图6-9　鼠标滚动联动交互

（4）运用鼠标滚动呈现视差效果。将内容分层控制，页面滚动时将元素固定或交替显示，产生穿梭感，提升界面层次。如图6-10所示，简洁的版式设计因为增添了图片和右侧文字的穿插滚动，使得界面更富有层次感。运用特殊的图层顺序结构，在页面滚动查看时，形成奇妙的元素穿梭视感。通常会穿梭替换背景或让元素接力，这样相比静态的页面，滚动时会更有层次感。

图6-10　页面滚动交互

（5）采用响应式的手风琴动效。手风琴动效就是类似于手风琴一般可展开或收拢，主要用于二级或下级内容的自动展开，由鼠标点击或者鼠标经过自动展开并聚焦，适合于信息层级相似、内容较多的页面。如图6-11所示，由于产品种类颇多，设计师采用了手风琴设计，通过点击"＋"号，能够展开每个产品详情。

（6）呈现鼠标悬浮动效。简单易用的鼠标悬浮动画，是为了聚焦显示或提示说明，常用于内容选中状态区分或元素细节展示，加上一组好的动效创意非常能够凸显个性，使用户感到惊喜为体验加分。如图6-12所示，该网站中鼠标移动，会有悬浮的图片以动画效果显示，并且在不同区域会呈现相应的功能指引，如在视频区域，鼠标悬浮动画会呈现出播放箭头，在链接区域，鼠标悬浮动画会呈现出点击图标。

（7）结合音视频媒体控制动效。在页面中植入音视频内容，通过按键或鼠标进行交互或切换，打造互动性更高的媒体传达。如图6-13所示，该网站中的视频、图片和文字随着鼠标滚动，产生位移、形变等动态变化，即使在黑白配色的界面下也不显单调。

（8）利用鼠标长按动效。当鼠标长按某个按钮时持续出现的特殊效果，一般是持续鼠标点击的特效或维持某个元素的变化效果，通常在数值持续增减动作中较为常见，可以代替连续的点击，使交互更轻松。也或者是需要一定的加载时间所以用长按配合。如图6-14所示，在该网站里，用户可以通过长按鼠标持续增加细菌圆点，长按加上空格键可创造细菌涡轮，两者相互对抗，形成有趣的动效。

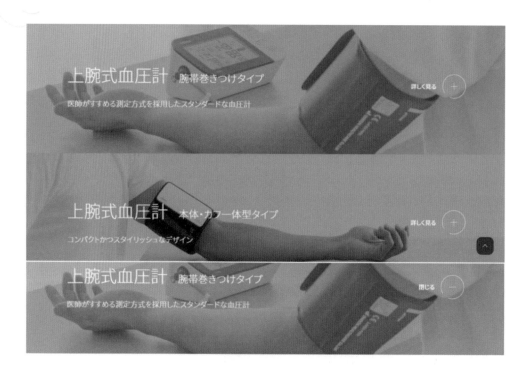

图6-11 手风琴动效

图6-12 鼠标悬浮动效

图6-13　结合音视频媒体控制动效

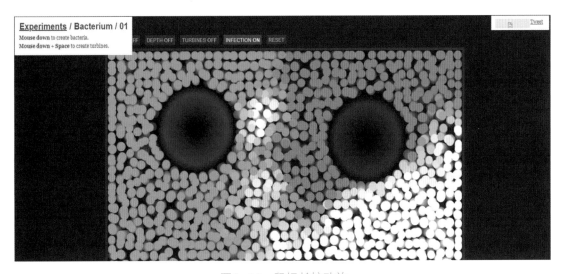

图6-14　鼠标长按动效

（9）采用鼠标拖拽特效。通过鼠标点击长按某个元素进行移动的组合交互，一般用于拖拽移动、内容绘制、元素连接等。应用场景广，互动性较高，能为用户带来更多的参与感和趣味性，甚至制造小惊喜。如图6-15所示的网站，有一系列"引人入胜"的互动特效，其中一个就是让用户通过鼠标拖拽抓取小羊，并且可以将这一动效保存至电脑作为屏幕保护程序。

（10）控制鼠标滚轮进行联动。主要用于页面某个值的控制或页面滚动，在页面滚动的时候可以配合控制元素变化来实现更具创意的展现效果，通常元素透明度、位置、大小、序列图都可以控制。如图6-16所示，在该网站中，当用户将鼠标放置在手表图片上滚动时，会展示产品的不同角度。

图6-15　鼠标拖拽特效

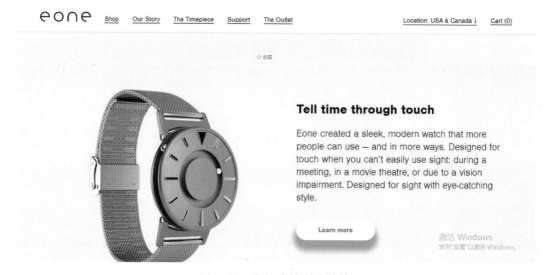

图6-16　鼠标滚轮联动特效

（11）采用光标跟随动画丰富场景。会使页面上的元素根据光标的位置或移动产生相应变换，增加页面的互动性与趣味，适用于装饰或加强背景层次感。还可以采用即时渲染粒子动画与鼠标跟踪。如图6-17所示，bilibili网站顶部制作了光标跟随动画，产生冷暖不同的冬季里白天黑夜的场景色彩变化。

（12）打造三维或全景空间场景。根据产品属性考虑用三维的场景来增强互动并突出产品。建立一个三维或者全景空间进行查看或操作，再赋予操作按钮或说明，实现3D场景的交互与视觉效果，常用于地图全景查看或3D游戏应用，可以巧妙地结合产品3D模型，打造非凡的互动体验。如图6-18所示，这是江西省网上数字展馆，可以通过鼠标操作，足不出户就能身临其境地畅游江西省爱国主义教育基地场馆，有效提升基地对社会公众的教育、服务能力，传承江西红色文化。

图6-17　光标跟随动画

图6-18　江西省网上数字展馆全景空间场景

（13）打造一镜到底的视角转场。可以结合鼠标滚轮联动做镜头创意，突出产品细节或内容呈现，呈现出一个非平面的视觉场景。用鼠标点击或滚轮联动交互利用分层的元素变化，营造出由近到远或由上到下的一镜到底的视角穿梭体验。界面场景切换更加自然，还有超强的空间感与趣味性，让人如临其境难以忘怀。如图6-19所示，进入网站，映入眼帘的是一本书，随着鼠标滚动，用户可以进入书中，在美丽的风景中遨游，穿梭在迷雾重重的雪山和宁静的湖泊之中，非常具有沉浸感。

（14）结合音视频媒体控制动效。围绕产品介绍的媒体内容，结合场景需求可以设计丰富交互的形式或更多媒体控制功能，例如长按快进、倒退、剪辑、混音等，常用于娱乐互动场景或音视频类产品。如图6-20所示，在该网站中，用户可通过长按空白键盘，随机切换不同年代、不同歌手的歌曲，在听歌的同时还可以通过鼠标与专辑封面上的元素进行交互，让网站既可以听歌又能互动，给用户一种截然不同的有趣的音视频体验。

图6-19　一镜到底的视角转场

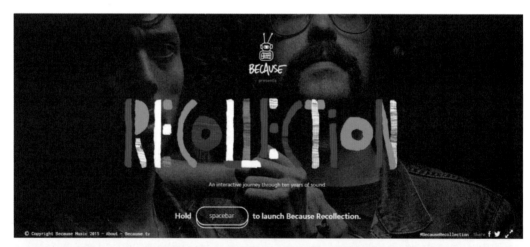

图6-20　音视频媒体控制动效

（15）实现有声交互动效。通过麦克风采集声音来影响交互，是一种声音的交互，如果网站支持，甚至可以实现语音交互，是一种少见的网页交互形式，可以使声音产生互动或视觉影响，并非传统的音视频控制而已。如图6-21所示，该案例将声音和视觉融合，敲击键盘就可以发出不同的声音，并且每个按键会对应一个图形，比如爱心、眼睛、圆形、放射线条等，让用户在敲击音乐的同时欣赏到现代感的图形，仿佛化身成了音乐DJ，着实有趣。

图6-21　有声交互动效

（16）通过镜头实现交互动效。通过摄像头授权获取镜头画面进行交互，通常是一些镜头滤镜效果或者增强现实技术结合做交互创意，非常新颖。适合有镜头针对性应用的产品采用，需要授权，要做好隐私说明。如图6-22所示，该网站就是通过摄像头获取图像并且增加滤镜，呈现出抽象画一般的效果。

图6-22　镜头交互动效

（17）可DIY颜色或图形动效。提供主题或模块的DIY空间，满足用户编辑符合自己喜好的视觉效果。如图6-23所示的网站，用户可以调整粒子效果的色彩。

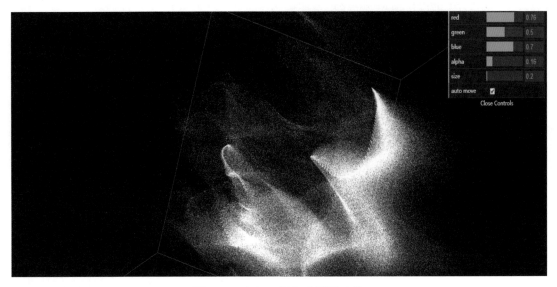

图6-23　可DIY颜色或图形动效

6.3　实现愉悦动效的技术

为网站制作愉悦的动效设计已经成为网站用户体验和情感化设计的重要组成部分。不管是微妙的转场动效，还是整个页面，动画效果无处不在，融入愉悦的动效细节让如今的网页同以往的网页从根本上区别开来。对于用户而言，动画效果不仅可以让网页中元素的逻辑变化更加清晰，富有趣味的视觉效果还可以为用户带来的愉悦感受，有助于网站用户留存、增加转化。下面我们将介绍较容易入手的、无须代码基础的特效工具，以及需要代码基础的微交互动效工具和装饰性动效工具。

1. 无须代码的动效工具

纯粹静态的网站越来越少，动态的网站是大势所趋。对设计师来说，CSS3的成熟使设计师变得越来越富有创意，CSS3有丰富的动画效果使他们的网站更加个性，可以快速、轻松地解释复杂的想法，并指导用户的行动。还有很多创建动效的工具是基于JavaScript语言编写的动效创作库。设计师可以通过以下工具来直接制作网站的动效，也可以请技术人员实现。

（1）Adobe After Effects。AE是设计师学习动效的首选。网页的动效设计制作其实只是用到了AE软件很小的一部分功能而已，熟悉Adobe系列的软件，操作起来会更加得心应手。

（2）Hype3。设计师利用时间轴就能做动效。制作完成后可以保存为gif或者视频格式，可以被PC、手机以Web的形式打开。软件支持中文，可以配合Sketch使用。

（3）Flinto。它是如今比较主流的一个工具，其界面跟Sketch相似，它不需要编代码，也不需要编辑时间线，即使是新手也能很快学会Flinto。它可以迅速实现各种动效，还可以添加音效。它可以将静态素材变为精致小巧的动效，并且在iOS系统手机和电脑上预览也相当流畅。

（4）Principle。它是Mac上一款好用的动画交互设计软件，设计师可以借助Principle软件将想法传达给工程师，该软件是一个为Web、移动端和桌面端设计动画和交互式用户界面的工具，Principle将Sketch、Keynote、Flash以及After Effect等动效制作软件的优势融合在了一起，虽然它的动效设计没有AE那么强大，但是该软件体量很小，它能够在短时间内高效输出可视化的交互原型和赏心悦目的动态效果。

（5）CINEMA 4D。即我们常说的C4D，它可以实现三维的动画效果，我们可以借助它输出三维动画动效。

2. 微交互动效工具

微交互是动效最典型的使用场景。网站微交互中所用到的动效微小，但是功能强大，可以为用户提供视觉线索，让体验更加愉悦。网站微交互中的动效并不仅仅是一种娱乐手段，它们在整个设计当中承担着极为重要的作用和任务，是用户体验的黏合剂，增强了用户界面的可用性，让界面更易于被理解。

（1）按钮动效。设计师和技术人员可以使用 Bttn.css在按钮上添加动效，可以用Granim.js 来实现引人瞩目的动态渐变来抓住用户的眼球，还可以使用Micron，它是基于JavaScript 的 CSS动效库，通过相应的脚本，可以为网页里的元素增添动效。

（2）加载动效。Blotter.js 有很多让人惊喜的新颖的动效，可以给用户留下深刻的印象。Progressbar是创建进度条动效的重要组件，可以让用户知晓后台的进展，而不会在面对貌似静止的网页时感到疑惑。

（3）单选框复选框动效。动效对于设计各方面的影响是积极的，微小的变化总能带来巨大的改变，这才是它所存在的重要意义。这里推荐Pretty Checkbox和Hamburgers。Pretty Checkbox 是一个小型的 CSS 效果库，提供丰富的复选框和单选按钮的交互动画，随着其中效果的升级和功能性的强化，使得它所提供的动效越来越强大。

（4）符号动效。还有"汉堡包菜单"动效和滚动条触发的动效，这些简单的符号也有很多丰富多彩的动效变化。

3. 装饰性动效工具

借助各种最新的插件、库和代码片段，网站设计师想在界面的任何地方添加上丰富的细节和动画效果，都不是一件困难的事情。下面将推荐一些效果突出的动效工具和代码片段，并没有推荐像 Three.js、WebGL 或者 GSAP 等这些主流的工具。当然，以下这些工具和代码的缺点或许是较为先进，对于浏览器兼容性有着极高的要求，但这并不是不可逾越的障碍，因为浏览器会越来越先进，性能越来越强大。Mimic.CSS 是一个包含20种不同视觉效果的合集，比如脉动动效、下坠动效等，设计师可以在不同的元素中添加不同的类，来实现不同的效果。Animate Plus是一个基于JavaScript 的轻量级动效库，专注于高性能和灵活的动效，它所带来的动效通常是简单且直观的。Wave 3D Lines 则是基于 Three.js 的解决方案，它可以创建不断变化的颜色和线条，风格比较现代化且视觉感十足。

6.4 愉悦动效的设计原则

愉悦的动效会提升网站的品质感，更能打动用户的情感，通过便捷的工具可以帮助我们实现更丰富的动效。网站屏幕相比移动端，屏幕大，可以展现更加丰富的动效，那么动效设计是不是越多越好，时间越长越好呢？愉悦的动效设计必须遵循以下几个原则。

1. 张弛有度

时间是动效的核心元素，动效设计应该让用户在100毫秒内获得操作反馈，因为人体最快的潜意识动作，一次眨眼的平均持续时间是100到150毫秒，100毫秒的间隔给人的感觉就是一瞬间，超过2秒就应该设计加载动画。设计网站动效时需要考虑动效持续的总时长、动效的快慢节奏，每一帧动画间的距离，动效是先慢后快还是先快后慢？同时注意动效不应让用户进行多余的额外操作，不干扰用户阅读网页。

2. 符合逻辑

在设计动效前，设计师应当认真思考网站动效如何吸引用户的注意力、动效的目标是什么、动效出现的频率和触发机制是怎样的以及动效是否符合客观逻辑，比如响应时间是否合理，方向是否符合规律，与网站中其他动效是否保持了一致性，动效设计是否达到了目的等，动效的重点是否突出且符合逻辑，能否给予用户充足的阅读时间。

3. 缓和流畅

网站动效的过程应当尽可能柔和、自然、流畅，甚至让用户感觉不到过渡的存在。可以根据不同物体的特性通过设计缓入缓出、快入缓出等效果，保持视觉连续性，实现缓和过渡，让动效做到不卡、不闪、不跳。

4. 符合运动规律

在自然界中，事物受到重力影响，很少有纯直线运动，设计师在设计网站的动效时，应该将"弧度"纳入思考，让物体动效符合现实世界规律，有加速和减速过程，物体不能凭空运动和停止，在有跟随和重叠动作时，比如鼠标跟踪动画，气泡、离子效果等追随鼠标运动时，由于惯性，这些效果会有时间延迟。

5. 夸张有趣

通常动效都具有一定的功能性，但是为了提升画面的精致度和丰富度，也可以设计添加一些没有实际功能的特效，可以采用夸张的手法，通过压缩、拉伸、放大等突出效果，让动画更具个性，传递给用户一个有趣的印象。

6.5　案例赏析：创意机构网站交互动效的情感化设计

Gradation是一家色彩研究创意机构，该网站色彩丰富且运用了较多的动效，让网站呈现出了多姿多彩的感受。首先，如图6-24所示，网站首页采用了与短视频色彩呼应的动效彩色条纹背景，鼠标触及背景上的彩色条纹，会产生液体流动般的动效。其次，如图6-25所示，网站制作了鼠标跟踪动效，有"we are who"圆环状的动画，提示用户点击链接，进一步了解公司。再次，如图6-26所示，当鼠标经过作品的图片时，会在图片左下角叠加彩色条纹的效果，点击后，当彩色条纹逐渐扩大，占据整个界面时，就会出现该作品的完整视频展示。该网站的动效始终围绕彩色条纹进行设计，融合了液态的质地设计，这些动效设计让用户感到愉悦与惊喜。当然，较多的动效设计会影响网页的加载速度，也会占据用户电脑的内存，因此不适用于用户量大、访问量大的网站，更适用于打造个性化、科技感强、视觉感强的网站，设计师应当根据主题适度进行动效设计。

图6-24　首页背景动效

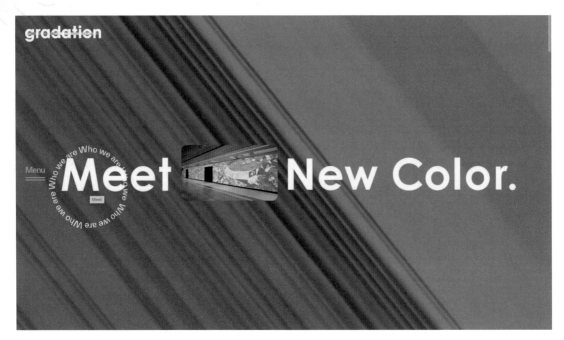

图6-25　鼠标动效

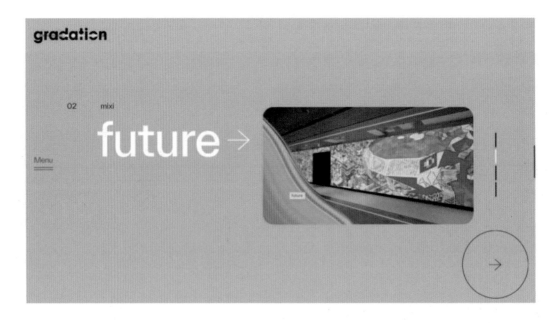

图6-26　图片动效

图6-26　图片动效（续）

6.6　小　　结

　　本章介绍了网站交互动效情感化设计的重要作用，它可以缓解用户在等待时的焦虑、建立良好的第一印象、加深品牌印象、提升可用性、帮助用户从意外中恢复过来、简化任务、提升交互质感。网站动效设计可以从计算机硬件能实现的可能性出发，通过多种多样的动效设计方式，提升用户愉悦的体验感。设计师在进行网站的动效设计时，应该注意控制动效的时长和出现频率，原则上不给用户增加额外操作，不干扰用户的浏览。同时，动效设计应突出重点，符合逻辑，给予用户充足的浏览时间，动效设计应该保持自然过渡，不干扰视线的连续性，避免动效发生卡顿、闪烁、跳跃。

第7章

基于网站用户心智模型的情感化设计

　　心智模型是指个人深受习惯思维和已有知识的局限，深植于大脑中的对现实的各种认知、直觉、习惯，简单来说就是我们理解世界的思维定式。要想做好网站交互的情感化设计，除了把握网站交互情感化设计的基本原则，做好交互元素和交互动效的设计外，设计师还必须了解用户的心智模型，在情感化设计中尽量匹配用户的心智模型，让网站更容易被目标用户群体接受和使用，从而提升网站的生命力。基于网站用户心智模型的情感化设计，是一项非常重要的交互设计，有的设计师擅长自己熟悉的设计领域，但面向不同用户群体的交互设计则感到力不从心。实际上，网站交互情感化设计归根结底就是对用户心智的理解，帮助用户更好地理解和使用网站，让用户更容易与网站的交互流程、交互元素、交互动效等产生情感上的共鸣，并让用户在这个动态过程中加深情感印象，获得愉悦感和成就感。本章将会由浅入深地讲解心智模型的概念、心智模型的特点和作用、心智模型的获得方法以及心智模型在网站中的应用。

7.1　心智模型的概念

想象一下，当你去超市选购番茄，你的大脑就会调用对于"番茄"的模型，即"红色的、圆滚滚的东西"，走进超市，你发现蔬菜在左边，肉类在右边，大脑又获得一个输入信号，即"蔬菜类"，然后生成新的模型，即"蔬菜货架上，红色的、圆滚滚的东西。"最终你就能找到番茄。

这个模型就是心智模型，人类大脑会将曾经经历或学习的事情，像是记日记一样，对这些事物的发展及变化进行归纳总结，储存在我们的记忆中，等到相似的事情再度发生，大脑便会调用之前的日记，来告诉我们应该怎么应对。当一个人遇见一件新事物，处于一个新的环境里，或者遇到一个新的未知事件时，他的心智模型就会指引他的行为。可见，人类是通过总结经验去认知世界。就像这个买番茄的例子一样，你调用了你从小对于番茄的认知，去指导你选购番茄。

如果在刚才买番茄的故事基础上，我们再续写一段，想象你从超市回家的路上，邻居问你"今天的茄子新鲜吗？卖多少钱啊？"相信你会很困惑："茄子？超市有茄子吗？好像没注意……"因为茄子是紫色的、长条状的，它已经被你的心智自动过滤掉了。

总而言之，人类的知识系统和日常活动都储存在头脑当中，并形成了个人对现实的各种认知，而在这个过程中，个人对世界的各种认知就会被整合为一套独特的知识系统，从而产生个人的心智模型。

7.2　心智模型的特点

心智模型这一概念最早由英国心理学家肯尼思·克雷克 （Kenneth Craik）在1943年《解释的本质》一书中最先提出。1984年，唐纳德·诺曼（Donald Arthur Norman）作为认知心理学专家，最早将心智模型的内容引入设计行业，他认为设计师设计产品要尽可能符合用户的心智模型。经过不断的实践和探索，目前，设计界对于心智模型的研究已日趋完善，通过对用户的行为和心理活动进行分析得到的心智模型，可以有效地发掘用户的需求，从而使设计师能够更好地理解用户的思维过程和行为习惯，从而达到设计师和使用者的"同理心"，从而真正地实现"以人为本"。唐纳德·诺曼归纳提出以下六个关于心智模型并不相互独立的特点。

1. 不完整性

用户对于现象所持有的心智模型大多是不完整的。每个人的成长经历、情感意志等都不一样，所以对于一些事物的认知也是不同的。比如红色在西方被认为是血腥暴力的，在东方很多时候红色代表的是热情喜庆的。在国内的股票网站中，红色是涨，在美国股票网站中，红色却是跌，用户的心智模型是完全相反的。

2. 局限性

用户执行心智模型的能力是受到限制的，这种限制性就需要我们考虑用户有限的心智模型执行能力。比如当我们设计的网站是面向儿童这一特殊群体，他们的心智模型就具有明显的局限性，思维认知、抽象和概括能力等都还不够完善，所以针对儿童这个受众群体而设计的网站要建立在了解儿童心智模型的基础上，需要考虑到儿童心智模型的局限性和特殊性。

3. 不稳定

每天人们的大脑要处理的事情太多了，如果人们一段时间内没有使用到心智模型，大脑就经常会忘记心智模型的细节。就像人们学习一门外语，如果一段时间没有复习，大脑就会选择性遗忘了。所以很多的教育学习类网站，增加了结合记忆曲线进行打卡复习这一学习模式，通过反复强化记忆，让心智模型趋于稳定。

4. 没有明确边界

由于心智模式没有明确的边界，相同的触发因素会导致心智模型混淆，类似的机制经常会相互混淆，导致判断结果出问题，也相应地导致行为出问题。在网站界面设计中，图标的设计应该具有识别性，每个图标都应该有明确的意义，不容易让用户混淆，造成操作失误。

5. 不科学

用户常常会有不科学的心智模型，甚至是迷信的心理。比如人们在网站上购买机票时，对于机票定价就有着"迷信"——人们相信浮动的价格跟自己点击进机票搜寻的次数有关，总结出"网站看我想出去玩，所以趁机涨价来坑我的钱"的结论。

6. 简约

人们喜欢采用简约、成熟的心智模型，由心智模型形成习惯或者规划的事物，人们就不用每次花费时间去判断，更加省时省力。比如在网站中，用户产生了"绿色按钮代表可点击，灰色按钮代表不可点击"这样的习惯意识，都是因为心智模型所带来的简约明了、"理所当然"的结果。

7.3　网站心智模型的获得方法

由于心智模型受外界的影响非常小，当我们获取到用户某一行为或认知的心智模型后，就可以长久地使用该心智模型指导我们做设计。要使网站与用户的心智模型相匹配，最直接的办法就是对网站的目标用户群进行调研，获取目标用户群的心智模型。随着对心智模型的研究越来越深入，许多学者开始尝试用不同的方法来衡量心智模型，特别是伴随互联网技术的发展，大量的人机交互设计为获取用户心智模型提供了更加便捷的途径。但是准确地获取用户的心智模型仍然是一件比较困难的事，至今尚无一种能够精准展现用户心智模型的单一方式。总的来说，要想获得用户的心智模型，必须采用多种研究方式加以分析，最终形成相对完整相对准确的结果。下面将介绍常见的网站心智模型信息记录和分析方法。

1. 主观记录法

（1）观察法。观察法是用于研究用户语言行为、表现行为、时间、空间关系的常规方法。选择观察的对象对研究非常重要，在观察准备阶段需要明确好目标用户。观察法在进行网站用户研究时，可以及时地、直接地进行用户反馈，并深入挖掘用户的内隐认知信息。例如要研究"潮牌服装网站"的设计，就应该选择生活在一、二线城市，年龄18~35岁，专科以上学历，有不错收入的目标用户。因为所有的设计都必须要围绕着用户的心理需求进行。如图7-1所示，观察法在网站心智模型的研究中，大多采用了实验室观察法，记录用户在网站中的认知行为，通过观察这些目标用户的认知行为，如浏览网站时的表情、动作、浏览速度、点击频率等，并进行记录和分析。研究者通过设定任务，比如让用户搜索一件商品加入购物车并付款，然后观察用户的行为，记录用户包括点击一级类目频次、完成搜索任务时间、尝试付款的次数等指标，还可以辅以屏幕录像以及观察的全过程录像。

图7-1　观察法

（2）访谈法。访谈法是指与用户交谈来收集有关心智模型的相关信息，通过与用户有目的地交流与沟通，获取相关信息或资料的方法。如图7-2所示，访谈法是获取用户心智模型的一种重要方式，也是获取用户心智模型时最常用的途径。运用访谈法对用户使用网站认知进行记录时，首先，在进行访谈前，采访者应当熟知网站，并仔细编写恰当的采访大纲。其次，在访谈过程中应注意提问内容不要引导用户作答，并对访谈进行录音或者录像。最后，访谈完成后，要及时对访谈内容进行梳理，并制作出用户访谈报告。

2. 客观记录法

（1）卡片分类法。卡片分类法(card sorting)是一种有效的用户测试方法，这种方法可以让你摸清用户关于导航的心智模型、了解用户是如何在网站中"寻路"的。卡片分类法最初是传统图书馆、档案馆的分类保管方法，在网站设计中，卡片分类法被借鉴用作规划和设计网站信息，特别是用以探索网站设计者与用户对于网站信息分类上的认知差异。在网站用户心智模型的研究中，卡片分类法被作为调整网站导航、网站组织架构的根据，它能清晰反映出用户关于网站的认知信息。

图7-2　访谈法

如图7-3所示，两位不同的用户对于家居网站的导航，有不同的逻辑。用户1按照客厅、卧室来进行物品分类，用户2按照家具、扶手椅来进行物品分类，如果大多数用户都像用户1一样，那我们可以充分利用用户的共性将网站设计为按照客厅、卧室的地点逻辑进行分类，可以降低用户对于网站信息理解差异的风险。卡片分类法可以有效地反映用户对于网站信息组织的理解认知，可以根据这些结果反推出符合用户心理认知的网站信息架构。利用卡片分类法进行研究，可以记录用户根据网站信息形成的认知路径所留下的"痕迹"，设计出更符合用户的心理预期网站的信息架构，确保用户可以方便地找到自己需要的信息，从而减少交互成本。

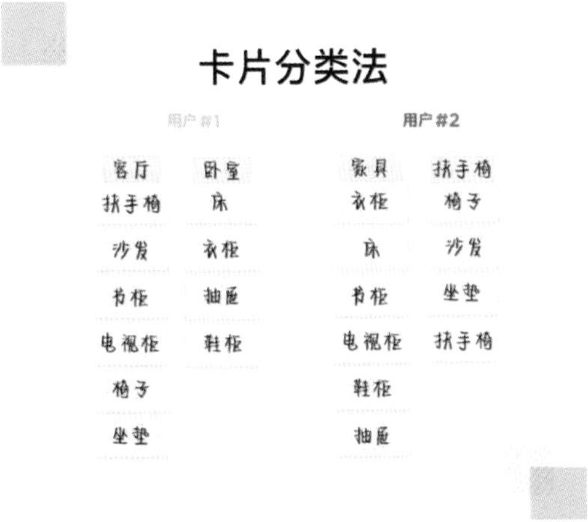

图7-3　家居网站的卡片分类法

（2）原型图。另一种了解用户心智模型的方式，就是制作网站的原型，其目的就在于模拟现实中网站的真实使用场景，并且反映出真实网站可能存在的问题和隐患，从而避免潜在的风险。设计网站原型进行测试很大程度上可以了解网站是否符合用户的心理预期。尽管设计师熟悉网站的工作原理，但是在设计过程中，设计师不能根据自己对产品的了解来进行设计，而应当考虑用户的认知状况，这样才能让最终呈现的原型图达到用户的心理期待。如图7-4所示，设计师可以使用如Axure这样的原型工具制作网站的原型图，提供给用户待测的网站界面原型图，要求被测用户根据指定任务操作网站。同一时间，测试人员应及时记录被测用户对使用网站界面时的看法、感受和意见，这可以帮助设计师更好地了解用户的习惯和思考过程，也能及时知道产品是否好用，以及用户是否理解网站界面的各项操作。

图7-4　Axure制作的网页原型图

另外，心智模型的搜集还常用到问卷调查法和任务分析法。在广泛的调查中，经常使用问卷法来获取大量信息。任务分析法是设定一系列的任务目标，分析用户要达成目标所需的任务、策略等。

7.4　以用户画像反映心智模型

网站交互设计的第一要素是用户。用户在使用网站时，会受到年龄、性别、职业、爱好、收入、环境的差异甚至是左右手习惯等诸多方面因素的影响，如果网站不能匹配用户的心智模型，就会导致用户容易出现错误操作及低效率操作，继而引发挫败感。用户画像是反映用户心智模型的必要途径，用户画像可以帮助设计师了解网站用户群体，让网站更贴近用户的心智模型，从而让设计师做好情感化设计，实现用户与网站的无障碍交流。用户画像一般是对典型目标用户而并不是单个用户进行画像，反映的是用户在某种场景下的心智模型和行为逻辑。

在英文文献中，通常以"user persona"或者"user profile"来表示用户画像的含义。"user persona"由交互设计之父 A. Cooper于 1998 年提出，用户画像是根据目标用户的基础统计学属性，如社会属性、年龄属性、工作、生活属性等建立起来的，总的来说是根据目标用户的行为、目标、观点这几个大的方向来构建用户画像，其核心作用就是给目标用户"打标签"，这些标签是需要通过对目标用户搜集、分析和整理得来的。而user profile，也就是通过大数据建模，比如抓取用户使用购物网站的大数据，用户浏览过的产品，之后网站就会出现相类似的产品推荐，也就是算法。本书所讲的用户画像更侧重于user persona，它代表你的目标用户，是最理想的客户。用户画像是描绘抽象一个自然人的属性，设计师使用它们来帮助了解有关客户的许多信息，通常来讲，规范的用户画像涵盖以下五个要素，如图7-5所示。

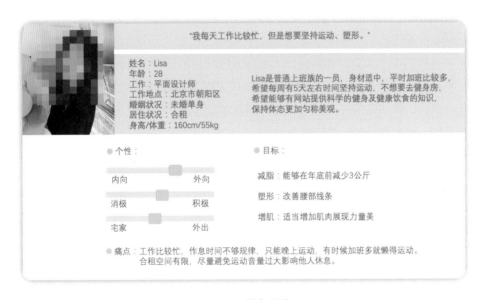

图7-5　用户画像

1. 必要信息

用户画像模板应始终包含一个有关用户基本信息的区域，即用户的必要信息，展示关于用户的基本人口统计数据，以及简短的概述，目的是快速直接地了解用户的具体信息。当然，获得的这些用户信息并不一定包含所有用户群体信息，只是试图将典型用户的原型组合在一起。因此，设计师还应该在基本信息部分中为用户提供概述总结，就像贴个标签一样。这些信息包括：个性形象、姓名、年龄、性别、居住地、职业、婚姻状况、孩子人数、性格、邮箱、爱好等。

2. 用户照片

照片可以讲述的故事比任何数量的复制品都大。这里的照片可以是真实的用户，也可以是象征某一类用户的照片，目的在于给自己的角色一张画像，就可以使其人性化，让人能一眼辨别出他们是坐在咖啡店里用笔记本电脑工作的白领，还是坐在办公室里西装革履的高管。照片可以让设计团队更加了解网站如何影响用户的生活，设计师应尝试在照片中捕获用户的年龄、性别和个性。在这里为大家推荐一个可以免费下载照片的网站——unsplash.com。在这个网站，通过简单地搜索"角色"或符合用户角色的描述，就可以找到所需的图像。

3. 用户人格

描述用户的个性可以帮助设计师更好地了解用户，并为他们优化网站的设计。您可以通过两种方式进行设计，一是通过文字说明描述用户在现实生活中的状态，例如他工作有上进心吗，城市还是农村，他爱开玩笑吗。二是XY轴，例如用户外向和内向的范围在哪里，节俭还是奢侈，通过XY轴坐标可以相对准确地进行用户个性的描述。

4. 目标和动机

在用户画像的这个部分，需要设计用户与网站相关的目标和动机，如果是设计减肥产品的网站，那么目标就应该是"我希望能够在年底之前减重5公斤"，而可能不希望用户画像包含"我希望在年底将我的收入增加10%"这样的目标。实际上，设计师应该去挖掘用户使用网站的目标，通过找出他们的目标，就可以回答这些问题并确切地知道网站的设计如何为用户提供服务。

5. 用户痛点

目标用户的痛点会对设计师的设计决策产生很大的影响。在进行用户画像时，应充分考虑用户他们在愤怒什么，是什么让他们无休止地沮丧，网站将如何帮助他们解决这些问题。你可以更深入地研究，然后问："是哪些设计让用户感到担忧？"通过发现他们的愤怒、沮丧或担忧，让设计师能够帮助他们解决问题。

优秀的网站设计师在规划设计网站之前，应当采用用户画像的方式对用户进行调研，清楚地了解用户的年龄、性别、职业、喜好、习惯、技术背景等，再对用户的数据进行归纳和分析，最终确定为用户呈现的界面和交互的方式，从而为用户提供给最佳的情感体验。

7.5　关注特殊群体的心智模型

要想打造拥有良好体验的网站，就需要设计者剖析用户心智模型，找到最匹配的交互方式，尽量让用户不用学习或者简单学习后就能熟练操作。但是，网站用户还包括残障人士、老年人、儿童等在内的社会群体，将他们视为心智模型研究的一部分也很重要。包容性设计（inclusive design）就是这样的一种关注特殊群体心智模型的设计方式，旨在为包括残障人士、老年人等尽可能多的社会群体提供可以平等使用的设计方案。这些社会群体的认知方式、受教育程度、生活经验的不同，可归类为身体差异、认知能力差异以及情绪差异等方面。包容性设计是一种全面、综合性的设计，它旨在确保产品易于使用，并能给用户平等参与、互动和分享的机会。

1. 包容性设计的原则

包容性设计的范畴包含了用户可能感到被排斥的所有因素，例如身体残疾、语言障碍、身体限制、技术限制，甚至互联网连接。网站的包容性设计旨在设计网站时考虑不同用户群体的观点和需求，设计师应考虑不同用户群体和人口统计的环境和情况，以确保每个人而不是仅少数用户可以访问的网站内容，并且这个过程对用户来说应当是简单的、愉快的、方便的、易于理解的。网站包容性设计的原则可以概括为以下三方面。

（1）以人为中心原则。在包容性设计的过程中，尽可能地满足广大用户群体的设计需求，确保网站界面能够满足所有人的访问需求或者帮助他们完成任务，能让各类用户群体得到无差别待遇，这就要求设计师坚守包容性设计理念，坚持以人为中心的设计原则。比如，在为色盲用户调整网站设计时，应确保颜色不是用作交流的唯一方式。在考虑特殊人群的过程中，相应的设计需求应当因其特殊的功能障碍而改变，但同时不应当降低设计本身的质量或内容。

（2）差异性原则。设计师在设计过程中应尽早认识到包容性设计的重要性，要充分考虑不同用户群体的特点，重视设计的差异性，同时兼顾不同用户群体的需求，既要满足普通大众的访问需求，又要照顾用户之间的差异。当单一的设计方案无法完全满足用户的需求时，必须考虑为特定人群提供多种选择，同时考虑到不同人群的需求，从而保证为更多的用户提供服务。比如，设计师可以为网站的访问准备多种可替代方案，让用户无论是通过文本、图形、音频还是手语，均可以访问内容。要充分考虑到不同的使用者群体，重视设计的差异性，同时兼顾不同的用户需求，同时满足一般人的不同需要。

（3）灵活性原则。在根据特殊人群需求的设计中，应需要根据用户的使用方式，坚持操作简单，使用灵活的原则。允许用户根据他们的喜好定制交互方式，定制不仅是打造更具包容性的产品的关键，也是获得更好体验和可用性的核心原则。设计师可以通过在设置中提供选项来定制设计和体验来实现这一点，设计师要了解网站的用途、作用，并要尽可能结合用户的心理模式进行思考，才能保证网站能够简单、灵活地使用，适应各种用户群体的需要。

2. 针对特殊群体的包容性设计在网站中的应用

（1）提升网站的可访问性。可访问性是包容性设计的主要目标之一，提升网站的可访问性意味着每个网页的设计都应易于理解、易于使用。影响网站可访问性的因素包括：听觉、认知、神经、物理、语言、视觉等，除此之外，还应该让处于临时残疾或情境限制的用户也便于访问。临时残疾的人，如手部骨折打着石膏的人、丢失眼镜的人，情境限制的人，如处于嘈杂的环境下的人、太阳光线下行走的人、怀里抱着婴儿的新手爸妈，他们在浏览屏幕时都可能存在视觉、听觉、物理上的使用障碍。包容性设计应尽可能保证所有用户顺利地完成操作任务，实现操作目标。比如，设计师在设计网站时，应考虑为视频规划文字标题、简介，并且要求上传者提供字幕，这样既可以方便听觉障碍人士，也可以方便处于嘈杂环境下的普通用户，还可以方便正在学习文字阅读的儿童，达到提升网站可访问性的目的。如图7-6所示，网站的包容性设计做的十分用心，单击右侧"Accessibility"按钮后弹出可访问性面板，可以选择朗读文字、放大字号、单色显示、夜晚阅读、强日照阅读等功能，尽量让每个用户都能流畅、舒适地访问网站。

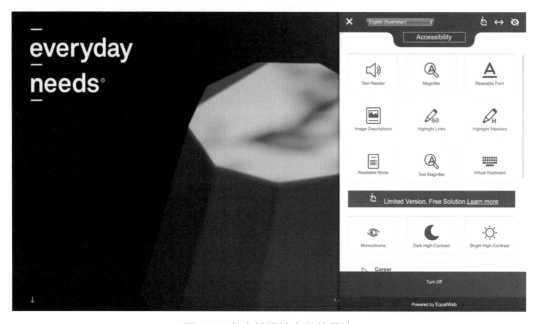

图7-6　包容性设计良好的网站

（2）重视网站的易用性。易用性是包容性设计的更深层次的目的，它包含了整个网站的逻辑架构、界面视觉元素和界面布局的设计，目标是让所有用户都能更容易、更快捷地完成操作任务。网站的易用性是建立在可访问的基础上的，可以通过引导和提示，让用户在操作前，在不理解或容易犯错的地方给出引导和提示，帮助用户及时了解正确的信息。例如很多系统在用户首次登录时会给予新手引导；填写表单的时候对于货币、时间这样的字段明确给出单位；对于某些难以理解的词在旁边给予解释。对于患有或轻或重的色觉障碍的用户，如果将色彩作为唯一区分"不可点击"和"可点击"链接的标准，或许就会导致这些用户在使用时出现困惑。设计师在设计表单的过程中，可以通过给链接文字增加下画线或设计不同形状以作区别，让这些用户能更加确定哪些是可以点击的区域。如图7-7所示，这是Chrome浏览器的扩展程序Funkify，如果你想亲自体验患有视觉障碍的用户的眼睛看到的网络和界面，可以使用Funkify模拟色盲看到的效果，它可以帮助你感同身受，还可以检查对比度、提供智能配色方案，确保网站的包容性，创建符合无障碍标准和美观的调色板。

（3）减轻用户的认知负荷。认知负荷指人类在工作记忆中脑力使用的总量。通俗来说，人脑跟电脑一样，处理信息的能力是有限的，如果超过了一定数量，就会变慢，最后认知超载就会导致宕机。如果网站的设计，能减轻用户的学习负担，用户越少去思考如何操作，他们自然就越多地将关注点放在要完成的目标上，设计师应当帮助用户将网站信息梳理得更加清晰明了，从而减轻用户的认知负荷。当下许多政府和事业机构网站将多种功能整合在一起，使用相同的版式设计提供信息，让公众能够更简单、更清晰、更迅速地查询如工作、教育、福利、税收、住房、驾照、签证等相关信息。明确体现了包容性设计的目的，为用户查询复杂的政府信息时提供了优质的服务。

图7-7　Funkify模拟的色盲用户看到的Google网页

（4）限制用户的操作范围。在用户操作过程中，可以适当限制用户的操作范围，以避免错误。具体可以从以下两个方面进行：一是减少操作的选项。用户在具体操作某个控件时，我们尽量框出可操作的范围，不要给用户过多的发挥空间。例如让用户输入出生年月的时候，不要直接给出输入框，而是使用日期控件，限制用户的操作，从而可以避免很多不规范、不统一的日期输入。常见的设计规范可以在element ui、ant design vue网站查看到。二是直接禁用一些操作。在特殊情况下，禁止用户操作可以规避掉一些明显的错误情况的。如图7-8所示，唯品会网站用户购买商品时，会在提交订单的时候同时显示收货地址，用户确认后进入支付页面，而不是在购物车选中商品提交后，直接去选择收货地址，再进入支付页，就可以避免用户因为遗忘而作出错误的决策。

（5）提升网站的容错性。网站的容错性是网站对错误操作的承载性能，即一个网站操作出现错误的概率和错误出现后，得到解决的概率和效率，更多的是从用户情感角度对网站的功能、逻辑架构进行的设计。比如在面对老年人用户的时候，一些信息复杂的网站会让很多老年人用户产生陌生和恐惧心理，当他们出现操作错误时，网站能以合理的方式给予用户适当的指引和建议。又比如，在面对文化程度有限的用户的时候，包容错别字搜索，智能地猜测用户的出错原因或者给予其他引导，可以在无形之中激发用户的使用热情，不至于让用户产生强烈的挫败感或轻易放弃对网站的使用。如图7-9所示，当用户进行邮箱注册时，如果用户不小心输入了错误格式的手机号码，网页会提示手机号码的输入规范。

图7-8　唯品会支付页面同时确认收货地址

图7-9　新浪网注册页面

7.6　案例赏析：商业网站用户心智模型的情感化设计

把握用户的心智模型对于商业网站而言是相当关键的，商业网站直面消费者，应当尽可能地去匹配消费者的心智模型。在网站的交互设计中，从前期用户调研到网站的发布与维护，一直到网站的终结，情感化设计的理念要贯穿在网站的整个生命周期。在网站的整个生命周期中，网站的界面与用户的心智模型是相互影响的，用户的行为习惯、认知、思维等心智模型的要素会被设计者提取出来，通过图形语言视觉化地呈现在网站界面，用户的交互方式和操作流程也会被记录下来，并以自己的知识和经验的形式为基础，不断地修改、完善、调整着头脑里的心智模型。

案例1　沿用成熟的设计方法

　　设计师需要根据用户心智模型，匹配相应的信息结构，对信息进行分类、提取有效信息，规划导航布局，再在整体框架中进行原型设计和交互设计。商业网站越是匹配用户的心智模型，用户就越容易对网站产生亲近感，使用网站时就越便捷流畅，网站的体验感自然就越好，这就是作为一名设计师平衡两者之间关系所要做的。商业网站是否匹配用户的心智模型，可以通过数据进行验证，比如通过对比改版前后用户量的增减、用户反馈等数据，能清晰地明确用户的心智模型。设计师可以适当利用用户既存的心智模型，或者考虑效仿大型企业网站较为成熟的设计方法，有时候沿用广被采纳的设计会更符合使用者预期、更容易上手，不需要为了创新而创新。如图7-10所示，网站沿用了普遍的布局设计，遵循用户由左至右、由上至下进行浏览的心智模型，将logo设计在左上角，主导航置于上方，菜单导航置于左侧，可以使用户能够在浏览网站时优先察觉到logo，并且可以便捷地浏览导航菜单的各项内容。

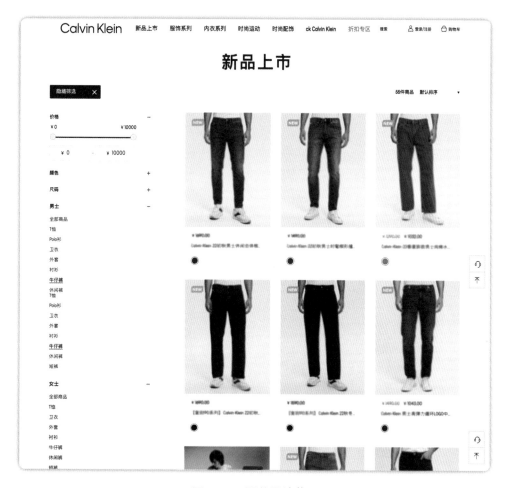

图7-10　服装网站截图

案例2　激发用户的购买行为

　　对于商业网站而言，"购买"是最为关键的一步。在商业网站中，设计师所做的一切设计都是为了激发用户的购买行为，实现商品的价值。所以设计师应抱着提升网站的商业价值为目的，去设计匹配用户心智模型的网站，优化用户体验，完善视觉表现，才能真正实现设计师的根本价值。如图7-11所示，网站针对不同国家的用户，每一款产品都设计了不同途径的购买方式，让用户能根据使用场景选择最便捷的方式购买，并且会有弹窗提示可以邮寄到国内，当用户选中某一购买途径之后，该图标会高亮标示当前选中的类目，这些体贴周到的设计都会对用户的消费购买行为产生积极的影响。

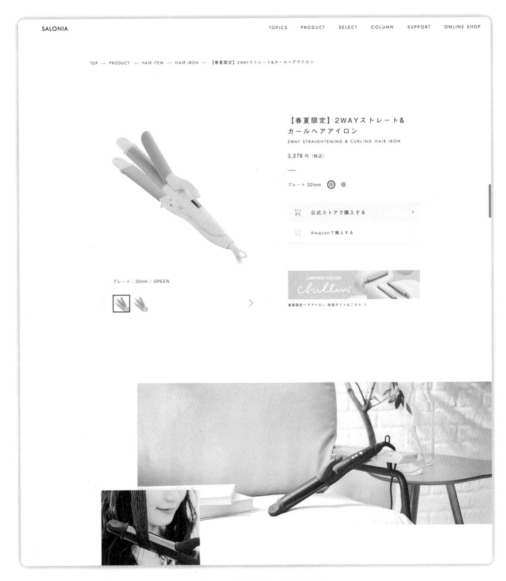

图7-11　美发产品网站截图

案例3　传递商业网站的品牌调性

无论我们是从零开始设计一款网站还是做网站的改版设计，我们首先要做的就是定义网站的调性。在这个过程中要充分考虑商业品牌的调性，在建设前期，设计师可以运用观察法、访谈法了解用户对品牌的认知，获得相应信息并将其整理成用户心智模型，通过色彩、图形、背景、符号设计反映用户的情感因素。假设该品牌的调性是优雅的，那么网站用户的心智模型就需要针对相应的用户群搜集信息，并提炼出设计元素融入网站当中。如图7-12所示，网站通过色彩、图形、动效设计、版式风格等传递出了自然、舒适的品牌调性。

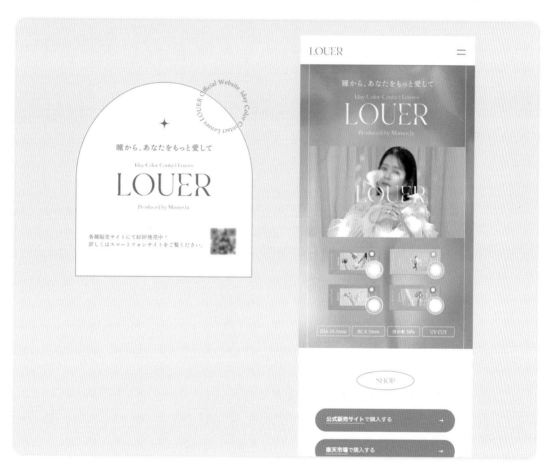

图7-12　美瞳隐形眼镜网站官网

7.7　小　　结

用户的心智模型就是用户根据以往的经验教训，所形成的对网站如何操作的认知。设计师进行用户心智模型的研究，能找到符合用户心理预想的模型，再去设计或完善网站，可以有效减少用户对网站的排斥感，让网站更符合用户的期待和想象。开展网站用户的心智模型研究，应该采用全面的情感化设计方法，它需要将用户群体进一步细分为特定人群，心智模型的研究要确保网站的交互设计尽量满足每一个人的需要。在经济快速发展、人民生活水平不断提高、人口结构不断改变的今天，我们应该怎样通过情感化设计，让网站更加平等地对待社会中的所有群体，让每一个用户都能积极、平等、无障碍地享受互联网服务，这才是对网站用户的心智模型研究的积极意义。

第8章

引发共鸣的网站情感化设计

　　如果网站契合用户的心智模型，就更容易引发用户的情感共鸣。当用户打开一个网站，优雅的界面令人愉悦，明亮的色彩让人情绪舒畅，简洁的图标让人更加专注，细腻的动效带来惊喜，悦耳的音效让人感到轻松，而急促的提示音则会让人情绪紧绷……仔细想想，网站的设计似乎总是和情感紧密相关。情感化设计能激发用户的情感体验，对用户心理和情感产生影响，引起消费者的共鸣。随着科技发展，用户更加注重网站蕴含的情感意义，以及网站带来的情感体验能否愉悦，这些都已成为用户是否使用的关键因素。如果说交互设计更多的是与理性大脑进行对话，那么情感化设计更多的是和感性大脑进行对话，对话的关键在于网站能否引发用户的情感共鸣。本章将从三大方向：讲好故事，增强情绪感染力；游戏化设计，建立情感纽带；戳中痛点，驱动情感共振，来讨论如何引发情感共鸣。

8.1 讲好故事增强情绪感染力

引发用户与网站情感共鸣的第一大方向，就是讲好故事，借助故事传递情感，这样最容易让人们产生强烈的情感共鸣。讲述故事就是叙事，是吸引用户与网站建立牢固稳定关系的重要手段。当下大同小异的设计模板也给用户带来了审美疲劳。叙事性设计是一种较为新颖独特的设计观念，它与情感共鸣密切相关，能让用户与网站双向互动，并且能够为网站增加交互趣味，满足用户精神上的愉悦，从而有效增强网站的情绪感染力。

1. 网站叙事的主题

就像我们写文章需要表达一个明确的主题一样，网站叙事也要确定表达的主题，网站叙事的主题一般有以下三种。

（1）以突出网站品牌特色为主题。鲜明的网站主题表达，能够明确传递品牌价值，体现品牌特色。如图8-1所示，当用户打开爱彼迎（Airbnb）的网页的时候，立刻就被友善和安全的情绪所包围，网页以照片和插画为主，照片大多数都是展现一群朋友在美好的旅行环境中享受生活的情形，插画采用了文艺风格的手绘插图，搭配界面中的珊瑚红色彩，烘托出温暖、友爱的情绪氛围，用户在潜移默化中就会认可网站的特色，并与之与产生情感关联。

图8-1 以突出网站品牌特色的网站

（2）以强化网站文化内涵为主题。随着用户受教育程度的提高，越来越多的人开始注重文化格调，用户关注网站中商品的文化内涵和象征意义，从而彰显自己的审美主张，显示自我的别致品位。设计师可以在品牌的历史文化、时代经历上加以创作，借用文化展现一定的品牌内涵。如图8-2所示，网站从色彩、图形、文案、字体等方面的设计，突出展现了陕西省的悠久历史和文化内涵。

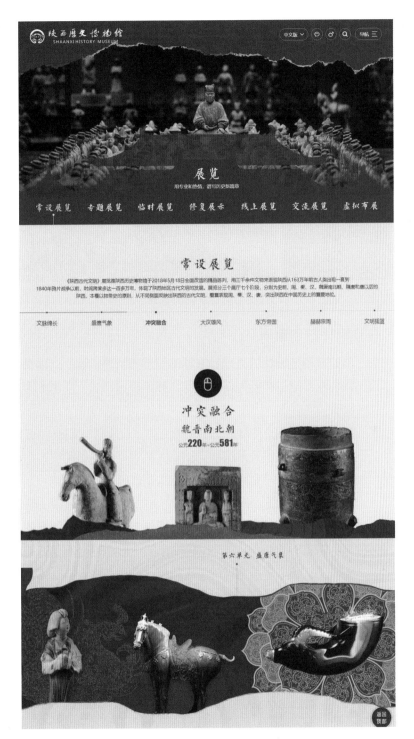

图8-2　陕西省博物馆网站

（3）以传递当下的情景为主题。设计师可以依据网站的调性进行情景设计，引起用户的相关联想，产生共鸣。如图8-3所示，网站从用户角度出发，及时更新网站设计，结合当下的"宅"生活，赋予网站应景的设计，让用户产生同理心。

图8-3　宜家中国官网

2. 网站叙事性设计的创新表达

前文我们讲到了网站叙事性设计的主题，主题的呈现通常是由照片、插画、文案等来进行叙事的，接下来，我们将介绍三种更为新颖的网站叙事表达方式：视觉图形化叙事、数据可视化叙事和交互性叙事。

（1）视觉图形化叙事。我国古代甲骨文的象形文字，证明了人们天生追求用极简的视觉图形进行记录。不可否认，人类是天然的视觉动物，喜欢用最简单和最熟悉的叙事方式。通过极简化的图形设计讲述故事是吸引用户注意力的最有说服力的方式之一，而且最近已经成为设计趋势之一。使用图形化的语言来讲故事是不容易的。它需要敏锐的眼光、对目标受众的理解以及能引起访问者共鸣的故事情节。但是如果你做得好，人们会记住你的品牌、你的网站和你美丽的故事。如图8-4所示，网站以极简化的图形、轻松幽默的叙述方式将用户带入了地球进化史，列举了从46亿年前地球的形成开始，到现在的人类社会的形成。网站使用平滑的视差卷轴，用户可以很容易地跟踪时间线，通过简洁可爱的图形来了解地球形成和变化的里程碑。

（2）数据可视化叙事。数据的力量是很强大的，它也能用很美的形式表现信息内容。一些数据可视化网站利用D3.js、Chart.js、three.js和Echarts等工具实现可视化叙事。像比较强大的D3（Data-Driven Documents 或 D3.js）本质是一个JavaScript库，用于使用Web标准将数据可视化。设计师可以通过网站数据可视化讲述故事，用更加新颖的方式呈现出完整、清晰的信息。

大西洋抄本 (Codex Atlanticus) 共12卷，1119张，时间跨度是从1478年到1519年，它是达·芬奇的手稿集册中最大的一部。如图8-5所示，网站是由意大利的数据可视化组织Visual Agency创作的一个线上数字图书馆。该网站赢得了2019凯度信息之美大赛（Kantar Information Is Beautiful）艺术与娱乐类的金奖。到目前为止，该网站是关于达·芬奇最大的数字图书馆，收藏了达·芬奇的日记和笔记本，让无数达·芬奇迷和艺术家都惊叹不已。对于热爱艺术和数据可视化的用户来说，这个数字图书馆网站拥有丰富的教育和研究资源，它将历史很好地数字化了，网站里的每个方格代表书里的一页手稿，上面的颜色则对应所涉及的主题：几何、代数、物理、机械、建筑、医学等。用户点开每一个方格还可以看到达·芬奇在那一页所写的文字，这包含了36个话题：马、食谱、绘画、灵魂、童话故事、笑话等。对于网站设计师来说，这个网站是一个很好的数据可视化叙事的案例。

图8-4　图形化叙事的网站

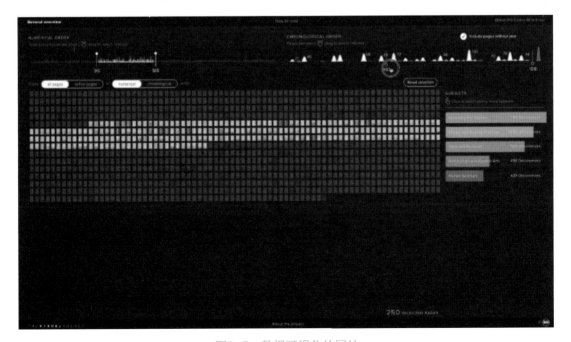

图8-5　数据可视化的网站

（3）交互性叙事。小说、电影宣传、故事类网页设计，往往是通过交互设计搭配炫酷的背景音效、动画，将情节娓娓道来，为用户营造出非常逼真、且代入感极强的体验感。网站将交互动作与故事情节、剧情起伏结合在一起，这样的叙事方式令人耳目一新。如图8-6所示，网站采用了较为炫酷的视觉滚动差设计来展现网页相关信息。用户只需要简单滚动鼠标，就可以以主角的第一视角冒险探索。一幕幕令人兴奋的动画场景，搭配各种背景声效，像紧张的犬吠声、破碎的玻璃声以及尖锐的刹车声等，这些丰富多彩的声效、动画以及引人入胜的交互动效，深深吸引着用户进行"沉浸式"阅读，有效降低了网站跳出率。

图8-6　交互漫画网站

如图8-7所示，新西兰教育部和创意机构FCB New Zealand针对即将踏入小学校园的儿童，开展了一个预防欺凌的教育普及活动。山羊奥特（Oat The Goat）就是一个通过交互叙事预防欺凌的网页。让青少年用户以一个旁观者的角色参与到欺凌活动中，结合故事情节通过鼠标点击模拟爬山、跳跃、环顾等动作，作出不同的选择后动画场景会呈现出不同的结果，进而引导他们在看到欺凌现象时如何作出正确的行为选择，鼓励他们成为一个像山羊奥特一样，做一个智慧、宽容、善良以及富有爱心的人。

图8-7　交互叙事网站

8.2　游戏化设计建立情感纽带

引发情感共鸣的第二大方向，就是采取游戏化设计。自古以来，人类就知道通过游戏来取悦自己。例如经典的电子游戏《超级玛丽》（*Super Mario*）中的闯关机制和金币积分，能促使玩家不断前进。在2011年的游戏开发者大会（Game Developers Conference，简称GDC）大会上，出现了一个热门的词语游戏化（Gamification），并逐渐引起各界的关注，之后迅速崛起。游戏化设计，能够迅速建立与用户的情感纽带，以此来增加用户黏性，驱动用户行为。网站的游戏化设计简单来说，就是将类似游戏的机制、策略和视觉元素设计到网站中，使得网站具备好玩的特性，创造情绪价值，让用户主动沉浸于此。特别在商业网站中，"游戏化"设计对用户行为具有积极引导的作用，能激励他们沉浸于与网站互动中。

1. 网站游戏化设计的情感动机

应用游戏化设计的网站相较于普通网站而言更能吸引用户，就是因为它抓住了人们喜欢娱乐消遣、追求快乐、寻求认同的情感，这就构成了游戏化设计的内部动机。设计师可以利用外部动机，如奖励、礼物、积分等外在刺激，让用户意识到他们使用网站是可以得到回报的。这不仅激励了用户更频繁的回顾网站，增加新光顾者和注册，还可以间接带动消费者在网站甚至是线下实体店的销售。下面，我们将在游戏化大师周郁凯在《游戏化实战》一书中提出的八种核心驱动力（core drive）的基础上，分析网站游戏化设计的情感动机。

（1）进度与成就感。像微信里风靡一时的"跳一跳"小游戏，该游戏只有4MB体量，但却吸引了上亿的玩家，游戏只使用一根手指进行简单操作，用户在其中不断挑战朋友的成绩，也不断刷新着自己的记录，游戏通过跳跃长度的排名，让用户产生了成就感。这种方式很适用于学习、教育类网站，如图8-8所示，网易云课堂就采用了进度条的方式，激励用户完成学习进度，文案也在提醒用户学习时长，继续加油，让用户学完课程后能产生成就感。

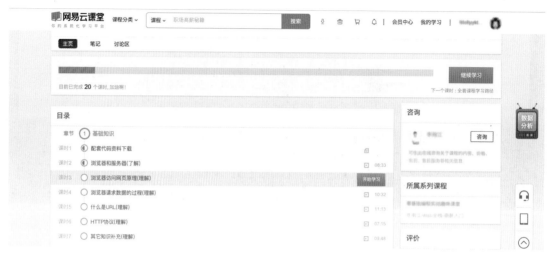

图8-8　网易云课堂学习进度

（2）稀缺性与渴望。俗话说"物以稀为贵"，获得稀缺的资源会成为荣誉的象征，这份荣誉感促使着用户尝试完成各种任务。例如抽取优惠卡、转盘、秒杀等，都是网站中常常用到的游戏化设计。

（3）未知性与好奇心。人类从童年开始就对新鲜事物抱有好奇心，可以说好奇心驱使我们探索世界，在没有得到确切的答案之前，玩家总是非常好奇的。网站可以设置小测试、抽卡游戏等手段来吸引用户参与。

（4）使命感和召唤。人们都希望被他人需要，这也是我们每个人存在的意义。赋予用户使命感可以让用户感到自己的重要性，成为他们继续使用网站的动力。比如，在网站中加入"召唤队友""组队挑战"等的游戏元素，让用户体会到被需要，是能产生使命感的好方法。

（5）自由度与支配感。人们都希望拥有一定的支配感，在很多游戏中，玩家拥有"上帝视角"，能够操控角色的命运。在网站的游戏化设计中，可以赋予用户一定的自由度，比如上传虚拟形象，或是融入养成类、经营类的游戏模式。

（6）社交影响与认同感。社交是人的基本情感需求，每个人都希望获得他人的认可。当我们看到自己发的照片，被别人点赞或者评论，都会产生满足感。很多网站都融入了荣誉勋章、粉丝数、人气榜等社交功能的游戏，激励用户关注网站。如图8-9所示，网站博主的页面上，显示了获得的点赞数、评论数等信息，激励用户发布内容。

（7）所有权与拥有感。人们往往期望自己已有的东西变得更好。因此，哪怕是一款免费的游戏，只要用户投入的时间越长，花费的精力越多，玩家们就越会对自己的角色有强烈的代入感，从而想要获得更好的装备、道具和皮肤。

图8-9　instagram网站的个人页面

（8）亏损与逃避心。人们的天性是不愿意吃亏的，如果设计师在网站里暗示用户会失去一些好处的时候，很有可能会激发用户产生强烈的紧迫感。我们可以对网站的优惠活动采用倒计时的方式，让用户产生紧迫感，促成他们的购买行为。

2. 五种常见的网站游戏化设计的形式

网站游戏化设计需要结合网站的主题、交互元素、视觉元素，并且运用多种游戏机制，因此网站游戏化设计是一项综合性、复杂性的设计活动。那么，我们从上述的八种游戏化设计的情感动机出发，分析最常用的五种网站游戏化设计的形式。

（1）挑战和奖赏。人类的天性就是不服输，就是喜欢通过各项挑战向他人证明自己的实力。"挑战"可以促使用户采取行动，它是当之无愧的排名第一的游戏化元素。如果想要让挑战变得更加刺激，可以试试不同形式的"奖赏"，比如优惠券、返利、点赞等，让用户更积极地参与挑战。如图8-10所示，Habitica是一个帮助你改变生活习惯的游戏。它通过把你的所有任务（习惯，日常任务和待办事项）转变成你需要打败的敌人来"游戏化"你的生活。你做得越好，游戏进展得就越顺利。如果你生活中出了差错，你的角色在游戏中也会退步。用户通过挑战任务来升级角色，并解锁游戏中的奖赏功能，如战斗装备、神秘的宠物、魔法技能等，可谓是一个极具创意的网站。

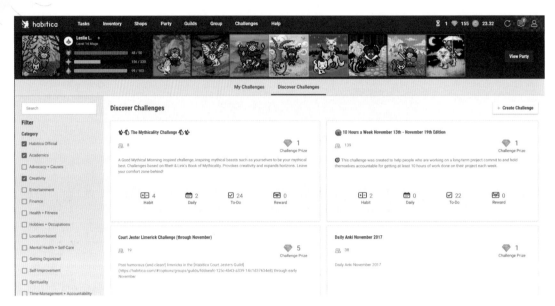

图8-10　游戏化设计的网站

（2）分数和积分。很多电子游戏都采用了分数或积分的方式来决定玩家的输赢。网站的游戏化设计也能利用"分数"或"积分"，它不但能激发用户的好胜心，还能游戏平台受益——用户可以从得分判断自己的成绩；游戏平台可以对用户的参与程度进行评价。如图8-11所示，万豪国际连锁酒店主要面对国际用户，为了能吸引和招揽更多的国际人才，该酒店便在Facebook上推出了一款叫作"我的万豪酒店"(My Marrott Hotel)小游戏，这个游戏允许玩家在一个酒店扮演不同的岗位，完成相应的任务，获得积分进入更难的任务或酒店的其他职位。这款游戏推出短短两周内，来自83个国家的玩家都玩过这款游戏。这款游戏对于酒店来讲无疑是一种新的吸引全球人们加入酒店事业的新手段。游戏界面的右上角有个"Do It For Real"按钮，点击这个按钮就直接进入了万豪酒店的职业招聘网站。

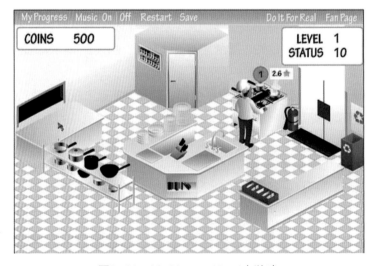

图8-11　My Marrott Hotel小游戏

（3）贴纸和徽章。当用户通过一个任务或获得一定的积分后，可以获得一个徽章和贴纸。这种奖励模式在游戏中很常见，玩家们也都很熟悉，所以通过贴牌或者徽章来获得玩家们的好感，这是一个很有效的办法。另外，通过各种不同的设计方法，可以为设计师创造出无限的创意空间，进一步提高用户的参与度。如图8-12所示，网站上可以看到不同系列的香蕉贴纸，如春季艺术贴纸、健身贴纸、艺术家贴纸等，用户通过购买香蕉集齐这些贴纸，还可以在网站下载包装盒来粘贴贴纸。金吉达还曾与电影《神偷奶爸2》进行跨界营销，将香蕉上的贴纸都换成小黄人限定版，并拍摄系列广告，同时，消费者还可以在网站上通过游戏赢得贴纸来观看电影。这些搜集贴纸的宣传推广活动，为金吉达增加了不少的新顾客。

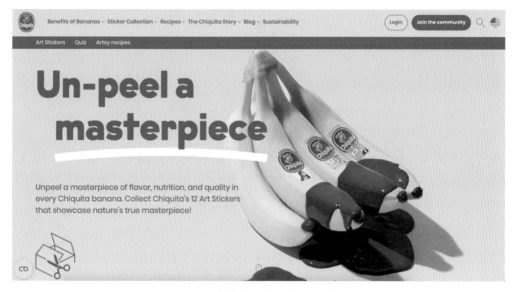

图8-12　奖励贴纸的游戏化设计网站

（4）排行榜。要想促使用户积极参与，关键是要去把握用户"想赢"的心态，如果要让挑战更加刺激、更加有趣，可以让用户互相竞技。通过让用户看到排行榜的排名，可以让用户更有积极性。不过，当用户看到自己的排名和榜首差之甚远时，也可能会感到非常沮丧、不快，产生适得其反的效果，所以设计师一定要慎重思考要不要使用排行榜，在合适的时机使用排行榜。如图8-13所示，网站采取了排行榜的游戏化设计，在网站中游戏的玩法是简单地用鼠标滚动页面操作，并且可以看到世界各地网友的成绩排行榜，从而非常有效地宣传了雪铁龙新款汽车。

（5）限制时间。如果设计师觉得上面的这些形式仍然不够新颖和令人兴奋，那么可以考虑增加时间、金钱、体力等"限制"元素。在电子游戏里常常需要玩家完成很多任务，并且规定玩家在有限的时间和体力范围之内完成，否则就会以失败告终。这个形式应用到游戏化网站中也是有效的，设计师可以限制用户在网站中的互动，比如规定在时间范围内完成任务，或者需要完成上一项任务后才能解锁下一个任务获得更丰厚的奖励。这样的"限制"，会让用户的反应变得更加迅速，从而激发用户的行动。

图8-13 排行榜的游戏化设计网站

以上，就是五种常见的游戏化元素在设计中的形式。当然，目前"游戏化设计"在网站中的运用非常普遍，几乎所有用户熟悉的电商网站都或多或少地运用了"游戏化"设计，设计师恰当地运用"游戏化"设计，不仅可以给用户带来更加轻松有趣的情感体验，还能拉近网站与用户的关系，从而不断地提高用户参与度和转化率。

8.3 戳中痛点驱动情感共振

引发情感共鸣的第三个大方向就是戳中用户痛点，洞察用户情绪，驱动用户与网站的情感共振。每个人都有情绪，当用户对产品或者服务不满意的时候，就会表现出情绪落差，这种情绪落差体现出来就是一种"痛"。戳中用户痛点，是实现情感共振的着眼点，更是网站价值的"支撑点"。因此，设计网站时，戳中用户的情绪痛点，能够多角度提升网站价值，多角度传递品牌理念，从而引发情感共鸣。

1. 打破冰冷感，运用拟人化设计

用户使用网站的第一大痛点，就是面对计算机界面的冰冷感。所有品牌都希望网站能拉近与用户的距离，运用拟人化的设计，可以为原本冰冷的网站赋予生命，让品牌拥有一定的情感表达，变得更加亲切。随着品牌IP化时代的到来，当下许多品牌都开始了"品牌拟人化"进程，从品牌logo造型、品牌拟人化的微博公众号，到如今很多品牌都拥有拟人化的公仔或吉祥物，这些拟人化的设计已然成为公司推广品牌重要方式。在品牌网站IP化的趋势下，网站需要作为一个"人"而存在，用户希望它能拥有个性、履历、性格、爱好、品位，这就要求网站设计师以更完整、丰满、立体且稳定化的拟人化设计方式呈现出来。网站拟人化设计包含内外两个维度。

（1）从外观进行拟人化设计，加深品牌印象。我们通常从肤色、身材、长相、动作和表情等去描述一个人的外观特征。在设计网站时，如果我们能用这样的方式去描述网站品牌，可以提升品牌的趣味性，凸显产品的特点，特别是对于一些感觉非常严肃的网站，如果能进行拟人化设计，会更容易贴近用户。如图8-14所示，网站选用了一个形象爆米花的吉祥物设计，作为其品牌的主人公，它拥有可爱的表情设计、调皮的动作设计，依次介绍各类零食产品。此外，网站流畅的动画、搭配如爆米花般的导航设计等，都使整个网站妙趣横生，对用户极具吸引力。

图8-14　爆米花拟人化设计的网站

（2）从内在进行拟人化设计，让品牌融入情绪。网站的外观视觉上进行拟人还只是品牌拟人化的初级形式，而更高级别的拟人化设计是让网站拥有人的情感，丰富网站品牌的"情绪"和"灵魂"。比如简单的喜怒哀乐，到复杂的伤感、怜悯、自豪等各种情感，这些情感会让网站品牌的拟人化形象更加丰满立体，也能引发用户的情感共鸣。就像江小白包装上深情、暖心的文案；海尔官微上的调侃、逗趣的文字，都曾让每一个普通大众都找到了归属感和情感共鸣。在网页的文案设计上，也应当融入情绪，进行拟人化的设计。如图8-15所示，当用户卸载软件时，软件的卸载界面中的元素看上去楚楚可怜，好像用哀求的语气说着"请让我留下来吧"，不禁让用户产生了怜悯的情绪，这种内在的拟人化设计，能让网站品牌更好地贴近用户，从而让用户感受到网站品牌的温度，并产生亲切感和依恋感。

2. 增加流量，打造高交互入口

网站情感化设计的第二大痛点，应该是当下较少的流量和点击量。不得不承认，网站的流量很大程度被手机App和其他移动媒体分走了，但是相比移动端，网站依然有鲜明的价值，它有更为完整的功能、更加全面的信息、更具空间感的画面。因此，设计师可以考虑增加设计高交互入口，通过拓宽网站交互手法，放大交互入口，丰富多元化的交互链接渠道。

图8-15　卸载软件的"拟人化"设计

（1）"内容为王"的设计仍然是网站的生存之道。在移动互联网时代，手机App虽然更为便捷，但是许多品牌的网站内容更加完整、质量也更高，并且呈现出新的特点。如图8-16所示，相比马蜂窝旅行手机App，电脑端的马蜂窝旅游网站更加注重对旅游资讯的挖掘，同时能提供全面、详尽、及时的旅游资讯。该网站的界面设计简洁大方、现代大气，鲜明地将旅游、休闲、娱乐等特征展现出来，让用户在浏览这些网页时产生好感，从而激发消费欲望。

图8-16　马蜂窝旅游网站

（2）设计高颜值广告，抓住用户眼球，增加点击量。引发情感共鸣的过程，是设计各类高颜值海报、微电影、短视频的过程，更是各企业深度挖掘品牌内核的过程。高颜值广告，是品牌卖点的"独特展现"，是吸引用户的眼球，更推动用户的参与传播的重要路径，它强化了用户与品牌的"情感对接"。漂亮的品牌海报、新奇的广告创意、感人的广告文案，都可能会让用户打开链接，走进网站了解品牌。如图8-17所示，该系列温情感人的广告都是以员工的视角讲述的，广告中有为了让房子离女儿工作地点近一些而一直找房的母亲，有因为老婆生病而不得已卖房的户主，在讲故事的过程中很自然地传递了链家品牌对客户的耐心和周到，传递了品牌的社会责任感，体现了品牌的人文关怀。广告上的官网网址、微信公众号都在引导用户进入网站，从而为网站增加了流量。当然，需要注意的是，如果品牌的广告做得十分精美，但是当用户打开网站，网站的设计无法匹配高颜值的广告，一定会让用户大失所望，从而取得与预期恰恰相反的结果。

图8-17　链家地产广告

（3）设计高交互入口，拓宽交互手法，丰富多元化链接。为网站设计高交互入口，就是采用多种多样的手段激发用户进入网站，提升用户参与联动的积极性。网站品牌与用户互动越多，企业或品牌的价值越明显，双方的情感共鸣越突出。数字化技术对网站品牌的影响力日益加大，网站可以放大交互入口，拓宽交互手法，丰富多元化链接。一方面，通过推动用户线上咨询、线上办理、线上兑换等接入点引流。另一方面，还可以通过场景化引流，场景化已是耳熟能详的词，它指在特定使用情景根据用户特性而进行的定制化设计，通过精准定位和挖掘用户的场景需求，为他们提供更舒适的体验。

3. 突破空间，打造沉浸感

网站情感化设计的第三大痛点，就是难以实现身临其境的体验。但是互联网发展至今，网站早已不再局限于鼠标点击浏览，越来越多的交互设计让用户有了沉浸式体验，只有具备沉浸感的设计才能有效地触动用户情感，加深企业品牌在用户心中的印象。沉浸就是让人专注于当前的目标情境下感到愉快和满足，而忘记真实世界的情境，"感时花溅泪，恨别鸟惊心"描绘的就是这样的心境，当我们沉浸在电影、小说中，跟随主角的命运而担忧，也是源于高度的情感投入。当用户完全专注地投入到网站中时，就会更容易体会到高度的成就感和享受感。

（1）打造三维空间呈现真实感。三维模型配合声音、文字、特效来展现生动的场景，新奇的效果和新颖的互动体验突破了传统网站缺乏的创新性，直观、趣味、表现手段丰富。如图8-18所示，中国国家博物馆名为"伟大的变革——庆祝改革开放40周年大型展览"的网上展馆，通过三维虚拟空间为我们呈现了改革开放的壮美历史画卷。

图8-18　"伟大的变革——庆祝改革开放40周年大型展览"网上展馆

（2）利用VR体验打造趣味之旅。网站与虚拟现实结合的VR体验项目，能为传统网站带来新鲜体验和关注度。如图8-19所示，该网站是在马克思诞辰 200 周年之际，基于太原市图书馆开设的"马克思书房"设计的线上VR主题图书馆，在全国也是首创。网站通过对实体"马克思图书馆"进行360度实景拍摄，运用虚拟现实技术打造而成。

图8-19　太原市图书馆开设的"VR马克思书房"网站

（3）最大化界面视野。最大化界面视野是指设计师应将不必要的操作隐藏，如采用"幽灵按钮"等方式，让用户尽可能地全程聚焦在目标场景中，同时还可以以短视频、动画呈现，产生气吞山河之势，使画面视听的冲击力更强。如图8-20所示，设计师让网站全屏展现了沙漠的壮阔景色，链接和按钮都尽量简洁，让用户产生较强的沉浸感。

图8-20　最大化界面视野的网站

（4）采用深色模式。深色模式可以模拟出夜晚的感觉，更容易让人沉浸，专注于前景的元素，突出重要的内容。不过同时应注意深色背景下文字的清晰度、辅助色的选取，可以适当增加留白和光影效果。如图8-21所示，该网站以深色模式进行设计，用户仿佛置身于汽车展台，聚焦到汽车产品本身。

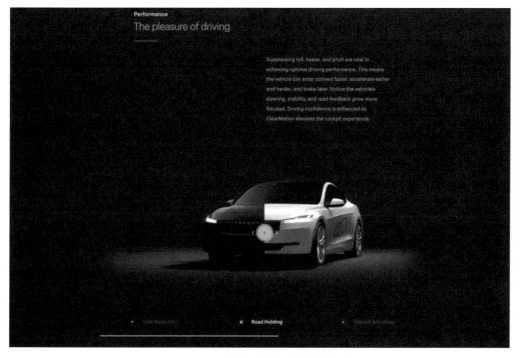

图8-21　采用深色模式设计的网站

（5）营造气氛烘托。设计师可以根据网站的主题定位，运用色彩、网页版式和多媒体视听元素等相关方面的技巧来进行网站页面的气氛烘托，并结合网站的运营活动提高互动性和娱乐性，通过调动多通道感官整合带给用户强烈的沉浸感。如图8-22所示，网站以简洁的排版、清新的色彩、充满温情的图片，给人一种安全、干净、温馨的感觉。

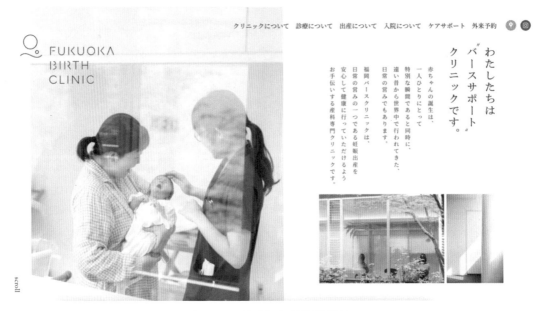

图8-22　营造气氛的医院网站

8.4　案例赏析：温馨友好的度假民宿网站情感化设计

如图8-23所示，是一家露营度假民宿okuyoro village的网站。该露营度假民宿环境优雅，以有魅力、打造更舒适的露营地为目标，主要面向全家旅游、亲子游、老人养生游等消费群体。当用户打开该网站，首屏的大幅照片就极具感染力，轮播的摄影照片都是父母和小孩的温馨合影，有拥抱的、干杯的、围坐在篝火旁的，突出了该民宿品牌的主题特色：美好、温情。该网站里的照片全部采用圆角矩形，让人感到安全、舒适。颜色上采用了绿色和白咖色，传递出自然、健康的感觉。该民宿另一特色就是提供篝火台，因此当用户把网页拉到在最下方，还能惊喜地看到燃烧着的篝火，烘托出民宿温暖的感觉。网站界面设计简约，交互设计友好，体验温馨、愉悦，是一个设计上事半功倍、但能引发用户产生情感共鸣的网页设计案例。

图8-23　温馨的度假民宿网站

8.5 小 结

　　归根结底，想要引发用户情感共鸣，就需要通过视觉、交互、体验设计上的互动，具体有三大方向：通过数字手段讲好故事，增强情绪感染力；游戏化设计，建立情感纽带；戳中痛点，驱动情感共振，品牌与用户的情感共振自然就会水到渠成。将网站与其他数字方式和实体的线上线下高效联动，精准对接用户，可以有效激发品牌价值，活化品牌特色，引发用户的情感共鸣。

第9章

加深印象的网站
情感化设计

任何美好的记忆都源自情感的转化，网站情感化设计不仅应满足用户对于功能性和实用性的需求，引发情感共鸣，还应该激发用户的愉悦心情，提供良好的情感体验，加深用户正面的情感印象。所有设计师都希望能设计出让用户难忘的网站，但要做到这一点绝非易事，想要抓住用户的心，就必须加大情感设计所占的比重，设计出满足用户情感需求的产品，让它成为连接用户情感的纽带。用户通过看、听、触等感知器官实现与网站的交互，而交互的过程必定涉及用户的行为，因此只有结合了感官记忆和行为记忆的设计，才能最大限度地促使用户的记忆和情感产生双重共鸣，这是网站设计的趋势。本章将讨论如何让感官记忆、行为记忆二者共同协作，最大限度地唤醒用户记忆，加深用户对网站的情感印象。这里还将针对一种特殊情况，即用户在网站中出现宕机、404等故障时，网站需要将用户负面回忆转化为正面情感，形成一次特殊的共同回忆。

9.1 感官记忆

感官记忆包括对视觉、听觉、触觉以及其他感官的记忆。一场动人的音乐会、一次有趣的画展……任何美好的记忆，总有一个亮点让人记住，抓住这一点才能成功建立起信任度，网站建设也不例外，任何网站都希望做到让用户一次又一次地回访、分享网站内容、经常登录网站，重要的是他们会记得网站。设计师可以从用户的感官感受为切入点，通过解读用户行为背后的情绪感受，来挖掘用户被忽视的需求。设计师们不妨试试用以下的五种方式来增强用户的感官记忆。

1. 强化网站内容的亮点

用户大概率会记得他们在你的网站上做的第一件事和最后一件事，这是一个非常重要的记忆点。因此，强化展示网站内容中的亮点，关键是设计具有视觉冲击力的首页内容，并且可以对内容亮点进行更加多维度的展示，也可以使用更加丰富的视觉设计来突出内容亮点，让用户对内容亮点了解得更加透彻，对网站的印象也更深。如图9-1所示，是一家经营日本牛肉的网站，这是一个典型的通过强化展示网站内容的亮点，给用户留下深刻第一印象的例子。网站首页开头就用巨大的黑牛吸引了用户的目光，随即展现黑牛的不同身体部位，这些有冲击力的视频内容滚动播放，漂亮的排版设计也为网站形成一个良好的结尾印象。云雾缭绕间，用户能感受到网站的传统日式风格，进而对网站流连忘返。

图9-1 品牌牛肉网站

2. 创造色彩记忆点

太多的颜色和设计会导致用户放弃浏览网站，太少的颜色和设计会容易让人遗忘。恰到好处的颜色搭配融合才能留住用户。创造色彩亮点，一定要对网站设计进行详细了解和分析，对网站色彩进行差异化的定位，对照网站色彩设计，推敲是否符合用户情感，同时还应该发现网站内容的亮点，结合色彩设计将网站亮点展示在网站中明显的位置，将其打造成既符合用户情感、又能与同行形成差异的网站，这样记忆点才既有个性又能令人记住，留住用户"匆匆"的脚步。如图9-2所示，是一家做室内设计和施工的网站，网站使用明亮的绿色来突出图像，以便吸引用户的注意力，在网页中很多细节之处都反复出现了绿色的元素，搭配简约的设计风格、浅黄色的背景，让人如同伫立在森林，呼吸着新鲜的空气，印象深刻。

图9-2　室内设计公司网站

3. 强化听觉记忆点

在引起记忆的情感化设计中加入听觉记忆点，其意义在于保持记忆体验的完整性，加强记忆的可识别性。妥善处理网站中的视听关系，使网站声音与视觉界面更加完美地结合，更能够让网站留住用户。网站中声音的设计一般有两种作用，一是调节氛围，增加代入感，比如在网站加载页面等待时，缓解用户焦虑感；二是作为功能反馈，就像生活中我们锁车门时，汽车会有"滴滴"的提示音，在网站中当鼠标点击、鼠标经过选项、出现错误时，都可以用声音进行提示。如图9-3所示，网站是一张带有声音的特殊的世界地图，它以谷歌地图作为基础，在不同地点标记着对应的声音，如里约热内卢街道的喧闹声、北京天坛老人的合唱声、墨西哥市场的嘈杂声……让人好奇的声音层出不穷，如今已经加入了来自80个国家和地区的2000多种声音。

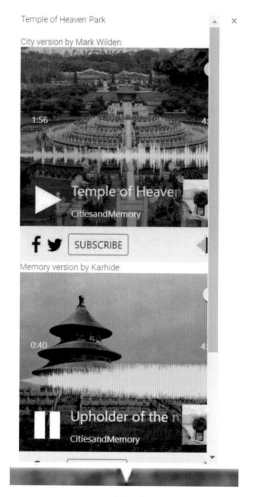

图9-3　声音地图网站

4. 与味觉相联系

很多人认为网站只能呈现出视觉和听觉，网站无法直接呈现嗅觉、味觉以及触觉。其实并非如此，由视觉联想到味觉或者触觉、嗅觉，这一实现的过程叫作"通感"。我们经常在电视上看到的汽车广告，往往是将汽车静止的画面、汽车行驶的画面、汽车与人物之间的画面剪辑连接起来，展现一家人驾驶汽车远游，或者时尚男女驾驶汽车飞驰，将这些画面联系起来远比单纯地介绍汽车的功能更吸引人。网站也是如此，要让用户由视觉产生到味觉的联想，需要借助图像或者文案的"桥梁"。如图9-4所示，网站采用了摄影照片加上动态图片的设计，让用户可以看到食物的原材料和制作的步骤动图，仿佛品尝到了新鲜的菜肴，不停变化的照片让整个网页都传递着轻松快乐的氛围。

5. 模拟触觉感知

网站上的触觉感知，主要体现在视觉图片和材质设计。当前很多网站直接使用一些高清材质的图片，让用户产生了触觉的联想，比如粗糙的沙砾、坚硬的石头、光滑的丝绸等，还有一些网站使用拟物化的仿真设计，模拟出材质的效果，比如用喷绘的笔刷绘制等。如图9-5所示，是一家传统手工竹席的网站，设计师既用到了高清的竹席摄影图片，又设计了模拟竹席编织纹路的背景图，让用户仿佛触摸到了竹席的质感。

图9-4　与味觉相联系的餐厅官网

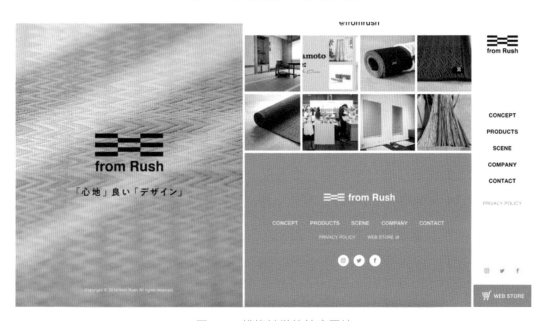

图9-5　模拟触觉的竹席网站

6. 调动嗅觉感知

如果一家餐饮企业的网站所展示的图片全是杂乱无章的、低像素的，相信用户在浏览这样的网站时，很难产生"垂涎欲滴"的感觉。相反，如果网站展示的美食照片是明亮的、清晰的、精心设计的，这样的餐饮网站，才会激发用户前来品尝。可见，视觉是抵达嗅觉的关键步骤。如图9-6所示，网站用视频上香喷喷的烤肉吸引用户驻足。当你看到主页上烤肉视频的时候，任何一个美食爱好者都会觉得仿佛能闻到烤肉散发着香味，甚至有些用户还留意到了烤肉时发出的声音。动态的视频对用户来说不仅仅是屏幕上的一个影像，更是调动了感官的愉快记忆。

图9-6 调动嗅觉的烤肉店网站

在网站情感化设计过程中，应尽量让网站的所有文字和图像等信息元素都围绕用户的感官感受联系展开，为用户的所有互动都提供反馈。尤其是通过增强感官记忆，让用户找到网站的亮点，这是用户记住你、又能把你和其他同类网站区别开来的重要因素。设计师应充分调动用户的感官体验，突出品牌的亮点，让用户对网站印象深刻。

9.2 行 为 记 忆

设计一个让人难忘的网站是一件很棘手的事情，因为"难忘"的状态几乎都是发生在用户潜意识下的，用户不可能停下来说："我一定要记住这个网站。"用户除了会对网站的感官刺激产生强烈记忆以外，还会记住一些让网站使用起来非常好的体验，在某些时候用户甚至可能会回忆起这些愉悦的体验，这就是"行为记忆"在发挥作用。生活中也存在行为记忆，它们看似无意识，比如有些人在书写文字的过程中，停下思考时不自觉地旋转手中的笔；又比如雨天的场景中，有些人进入室内后会下意识地抖落雨伞上的水滴，等等。网站中的行为记忆，包括网站交互情景的体验和交互行为的记忆，相较于感官记忆，行为记忆一旦被内化是可以非常持久的，将行为记忆引入情感化设计，有助于引发用户和网站在情感上共鸣交互。下面将介绍七种利用行为记忆加深用户对网站印象的方法。

1. 营造用户熟悉的交互情景

设计师在设计网站时，应当要留心观察用户所处的环境，即网站的交互情景，它包含用户界面以及用户的使用场景所共同构成的"情景"。设计师通过情景发现用户潜在的情感，有利于将设计与用户的行为相结合，为用户创造一个与现实生活相贴近的虚拟环境，并能为用户带来体贴、实在、顺理成章的舒适体验。例如，将用户所熟知的现实生活场景，移植到虚拟网络中，创造出一种现实的体验，或是将其所熟知的产品特性或用法，运用到网页的产品设计中，让消费者产生一种似曾相识的感觉，激发用户的行为记忆，从而提升网站的使用效果和满足感。如图9-7所示，百度图片搜索页采用了跟百度搜索引擎非常相似的界面，让用户沿用之前的交互经验即可使用，并且搜索界面的图片选择高质量的摄影作品，从视觉、交互情景上提升了用户体验感，让人感到熟悉、舒适、愉悦。

图9-7 百度图片搜索页面

2. 讲故事是个不错的途径

网站通过讲品牌故事，告诉用户你是谁，这是让用户了解企业和品牌的重要方式，只要故事讲得生动有趣就会让用户紧紧跟着你的思路走下去。如图9-8所示，网站将生动的内容和趣味性的图片结合，并用页面滚动和视觉设计的形式引导用户去了解整个品牌故事。它先用一个大胆的声明"We Grow Brands"来开头，继而再告诉你故事，随着你在网站中浏览他们市场营销的服务信息，逐渐就会看到能引起你共鸣的东西，而这一切或许只需仅仅几秒。当然，网站所承载的不仅仅是故事本身，有趣的滚动特效和精致的视觉效果是支撑故事的重要组成部分，用户只有在足够优秀的视觉和交互设计之下，才能更沉浸地阅读下去。

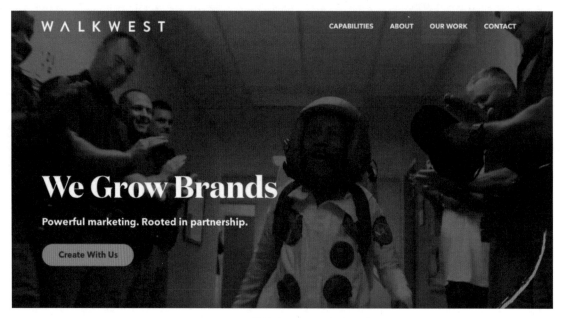

图9-8　以讲故事形式设计的网站

3. 采用移情设计拉近距离

"移情设计"是设计师尝试了解用户在体验产品、环境和服务时的感受，并运用丰富的想象力来模拟用户体验的行为。"移情设计"是情感化设计的重要方法，它能够帮助设计师以用户的视角，理解用户、关注用户，为用户创造出更加新颖和愉悦的体验。在网站设计中，如果设计师将网站与童年、亲情、友情等相联系，他们的精神价值也会随之增长，如果能体现更深层次的情感，即直觉、感受和梦想，相信你的网站一定能够打动人心。如图9-9所示，网站采用"意识流"的文案和图片设计，展现了公司追求艺术梦想的精神内涵。

4. 多一些反馈设计

在现实生活中，"反馈"随处可见，它可以揭示人们的行为是否正确。"反馈设计"是一种基于行为记忆的交互设计方法。在网站中增加更多的反馈设计，有助于让用户了解自己的操作行为，并指引用户进行下一步的有效操作，起到搭建人机沟通桥梁的作用。比如社交网站中常见的点赞功能，用户获得越多的"赞"，就越有持续更新的动力，及时反馈的点赞和评论满足了用户希望获得认同和关注的潜在心理需求，强化了用户黏性，从而达到了加深用户印象的目的。

5. 让网站变得好玩

当你想到"好玩的网站"的时候脑海中会出现什么？一个游戏？一个电影片段？还是某一个设计？比如颜色、图片或互动。如图9-10所示，"罗比的互动简历"（Robby

Leonardi's interactive resume）就是这样一个非常有趣的网站，Robby Leonard是一位自由插画、动画设计师，他擅长将插画与设计结合。他将个人网站建成一个横屏的游戏，用户通过滚动鼠标来浏览他的个人介绍及作品，非常有创意。设计师根据自己的一技之长而设计的类似超级马里奥的互动简历，清晰的思路搭配人见人爱的马里奥形象，把枯燥的履历表演绎得生动活泼，让人印象颇深。网站展现了有趣的互动让用户感到愉悦，甚至想要跳进屏幕里和角色一起玩耍。

图9-9　极具情感色彩的网站

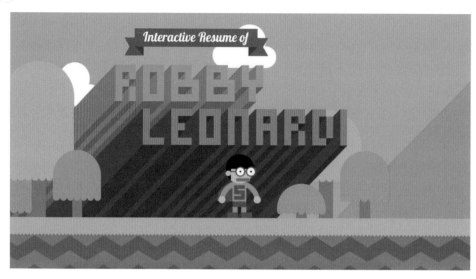

图9-10　有趣的互动网站

6. 结合时事更新

网站设计并非固化不变的，而是应该常常有新的内容更新，很多网站都有着固定的客户群体，特别是像电子商务网站、资讯网站，更新内容或者调整设计会让用户有新鲜的体验，这会激励用户经常回忆、回访网站。结合时事进行更新，就是一种不错的方法，它可以让人有全新的体验。如图9-11所示，运动饮料Red Bull红牛网站注重结合时事更新，网站的每一条内容都与体育赛事结合，用户可以从这款运动能量饮料网站这里获取到最新体育赛事信息。该网站首页的内容几乎每次访问都不同，每个新的主页元素都同样的有吸引力。虽然我们的设计师可能没办法拥有Red Bull的资源，但我们可以借鉴这样的做法，你也可以开始尝试每个月或者每周改变一下网站首页。

图9-11　结合时事的网站

7. 别忘了精彩的结尾

和网站第一印象一样，网站最终给用户的印象也是非常重要的。如果希望用户保持全程愉快的体验，除了要有震撼的感官记忆和很棒的交互记忆，还应该制造一个精彩的结尾。设计师往往重视首页的第一印象，而忽略了网站最后的结尾，其设计难点在于用户点击网站的第一印象都取决于首页，但是用户离开网站的位置却是不同的，那么用户通常都从哪里离开呢？这时候借助后台数据进行分析，就可以找到大多数用户选择离开的那个页面。创建一个可以让用户愉快离开的方式，比如奖励或者超低折扣，可以加深用户的记忆。如图9-12所示，网站每一页的左侧都有可结尾动作，它是一个希望用户去完成的表格，它很容易被用户发现，完成步骤也非常简单，只需要轻点两下就能完成，这个结尾让人印象深刻。

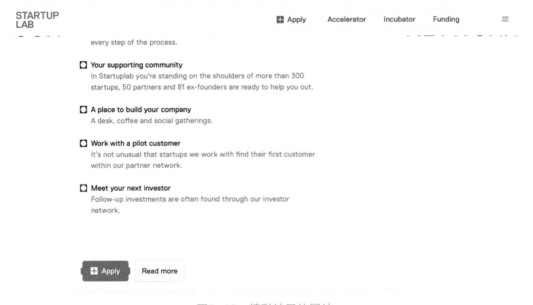

图9-12　精彩结尾的网站

9.3　特别的回忆：出错的艺术

网站的功能、内容、可用性和服务固然重要，但用户与网站的情感联系却是影响网站评价的最重要因素。对于网站上出现的错误和问题，需要进行细心和体贴的回应，才能使网站摆脱困境，而在意外事件发生之前所打下的情感基础将会留住用户对网站的忠诚。设计师通过细致的情感化设计不仅能获得客户的谅解，还可以防止在客户和收入方面可能遭受的重大的损失，仅此就足以让设计师将情感化设计纳入到网站的设计流程中。在网站的工作过程中，可能会出现意料之外的障碍，比如接下来我们讲到的错误页面、宕机的情况，如果处理不当，会让用户对网站积累起来的好感荡然无存，但是我们可以将这些错误转化为正面情感，为用户带来意外的惊喜或者趣味的体验，将之打造为一次特别的回忆。

1. 404页面

404页面是网站被访问时比较经常出现的错误页面，该类页面常常提示：404 NOT FOUND。那么404是什么意思呢？404页面就是当用户输入了错误的链接时，返回的页面。许多时候，用户在尝试浏览网页时，发现404错误页面会影响整体的体验，所以在404页面上，设计师们要格外小心，如果我们预期做了这样的设计，只要404网页足够有趣，能够让用户玩得开心，那么他们将不那么介意网页本身的问题，甚至可以借此机会给用户带来惊喜，因为用户通常不会想到404页面会带来有趣的消息。关于如何让404页面加深用户的印象，将负面情绪转化为正面情感，有以下几种创意方法。

（1）尝试用幽默感化解。创造正面情绪的最有效的方式之一就是幽默，幽默可以轻松化解用户形成的不满情绪。如果在出错的情况下，仅仅凭借漂亮的视觉效果无法令用户感到有趣，那么请尝试利用幽默感去吸引用户，这样的404页面会调节用户的心情。如图9-13所示，页面是玩具制造商乐高的404页面，该页面采用了的幽默、可爱的元素，奔跑着赶去抢修的乐高施工员，脸上流露出惊讶、焦急的表情，让用户会心一笑，"原谅"了网站的错误，同时文案的语气也十分轻松，添加了"开始购物"的返回按钮。这样的做法能够加深用户对乐高品牌的印象，也更能对该品牌产生认同感。

图9-13 幽默的404页面

（2）增加趣味互动功能。作为设计师你是否偶尔会为这个网站既没有趣味、又缺乏精美的艺术性而感到困惑？这时你可以尝试着让它变得有趣起来。如图9-14所示，blue fountain media的404页面巧妙地运用了用户熟悉的"吃豆人"游戏，像这样有趣的游戏甚至可以让用户在404页面上打发时间。又如hot dot的404页面，用户可以与这个页面上的圆点进行互动，这样简单有趣的互动让很多用户停留下来玩得不亦乐乎，以至于忘记了自己当初

开启网页的目的。还有一些404页面只应用了少量的交互设计就足以让人上瘾，比如git hub
的404页面非常简洁，随着鼠标移动页面上的图形也会移动，可爱的动画目不暇接，它不会
浪费用户太多的时间，但同样能给用户带来欢乐。又比如，hakim el hattab的404页面，以
怪诞有趣的互动吸引用户，页面上随着鼠标而转动的眼球，有规律地眨着眼睛，在几秒钟的
文字提醒后，页面将自动跳转到首页。

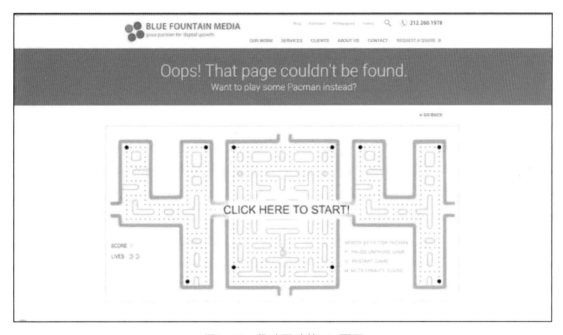

图9-14　趣味互动的404页面

　　（3）以巧妙的方式去宣传品牌。既然网站是为品牌进行服务的，那我们何尝不试试在
404页面中引入一两个巧妙的元素，让404页面也成为推广品牌的良机。设计师可以将错误页
面作为另一个展示品牌理念、价值、调性和设计师创造力的机会，设计师应尽可能确保设计
的404页面能对品牌宣传个性化实现良好的补充，如果能达到这样的水准，当用户浏览404
页面时，他们对品牌印象可能会有所加深。如图9-15所示，来自在线婚恋网站eHarmony的
404页面，不仅仅采用了浪漫温馨的视觉界面，同时宣传了该网站作为相亲交友网站的关于
"寻爱"的主题。当你在寻找爱情的时候，你最不想看到的就是：页面无法找到。"好消息
是在这里有50万的单身男女哦！"设计师将页面出错转化成了与用户展开对话的机会，推动
用户注册服务。

　　404页面的弹出已经给用户体验带来了困扰，所以404页面必须加以适当的优化处理，
让它与网站中的其他网页有着同样的风格和设计，以扭转这种不利局面，给用户带来意外惊
喜。总体来看，404页面的设计师应当像对待其他网页一样，给予其更多的关注，透过趣味
性的设计，不但可以使用户更加深入地了解网站，而且还会吸引一批意想不到的用户，这些
用户可能因为404页面的乐趣而将它分享到社交媒体上。

2. 宕机

宕机是计算机术语，但现在很多用户都叫它"当机"或"死机"，意思就是电脑无法工作，也包含各种原因造成的故障。一般情况下指的就是计算机主机出现意外故障而死机，也是指网站服务器、数据库、DNS出现故障，导致网站无法正常打开或者打开极慢、无法查询登录等，都可以称为宕机，这种情况通常被用户们称为"崩了"。

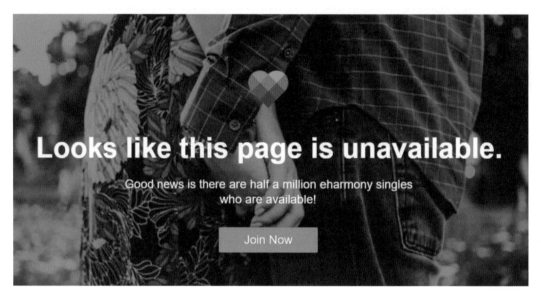

图9-15　巧妙宣传的404页面

其实，网站服务器出现故障，导致服务中断的宕机是一种常见的现象。由于服务器通常都是每分每秒不间断地工作，因此很多网站都出现过宕机故障，像苹果、百度、京东、知乎、bilibili等知名大网站都出现过，还有一些用户数量非常庞大的网络游戏网站，也曾经出现过"崩了"的现象，但这些大型网站通常会配备多台服务器，因此宕机出现的概率极小。而对一些中小网站来说，其实每天都会出现宕机，只是鲜为人知罢了。网站或早或晚总会出现宕机这类问题的，在这种情况下，如果用户平时对网站积累了好感，就会比较容易"原谅"网站暂时的罢工，并继续保持对网站的信任感。事实上，当网站创造出一个有趣的宕机体验时，用户通常会随着时间忘记他们所遇到过的不愉快，而只记得网站的好处，加深对网站的正面情感。

bilibili网站作为国内年轻群体占比最大的顶级网络社交平台，几乎所有流行于年轻人群体的文化都能在这里寻到各自的容身之所。如图9-16所示，在2021年7月13日晚上的11点，bilibili网站服务器宕机。"b站崩了"一夜之间登上了热搜第一位，话题阅读次数高达10亿次，话题讨论度超32万次。有趣的是，网友似乎并没有责备网站，而是开始了各种有想象力的"恶搞"，网友们制作了表情包、漫画等表达对网站宕机原因的猜测或者不舍。可见，网友平时对该网站积累的好感足以让他们原谅网站服务器偶尔"开个小差"，当然事后，网站给予了非常优惠的会员开通服务。

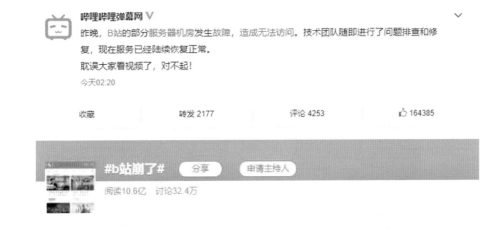

图9-16　bilibili网站宕机后登上微博热搜

与其让用户为网站宕机而郁郁寡欢，不如发挥创意赢得奖励。当用户为服务中断或任何其他错误感到气愤不已的时候，网站必须快速、清楚、真诚地解释所发生的一切，告知用户网站的真实情况，告诉他们网站正在尽全力地努力解决问题，然后定期通知用户进展情况，即使没有太大的改变。在宕机事件爆发时，网站必须直面用户在紧张情况下越积越多的负面情绪，而网站的情感化设计可能会挽救这种局势。

在问题出现的时候，情感化设计是维护访客信任的保障。设计师可以运用增强感官记忆、行为记忆，创造"出错"的艺术，增加用户的情感投入。日积月累的情感投入可以帮助用户忽视网站的不足，给用户留下的美好印象远远甚于不好的记忆。就像唐纳德·诺曼（Donald Norman）所说，"追求完美是一个伪装的目标，最终我们创造的体验的总和会影响用户对我们的工作的印象。"

9.4　案例赏析：充满"梦想力量"求职网站的情感化设计

在这里为大家介绍一个如何加深印象的网站情感化设计优秀案例，该网站通过优秀的网页视觉界面设计、文案策划、影像设计等，让用户从中收获了信心与鼓舞的力量，对该企业一定记忆深刻。日本求职是一家面向求职者的网站，提供职业技能培训和就业机会，设计师以用户的角度，将该网站打造为开启人生理想的大门。如图9-17所示，该网站首页采用的视频片段采用特写镜头展现了大学毕业生、年轻白领、银发老人等不同年龄、不同身份求职者的画面，点击可以观看完整视频。如图9-18所示，该案例讲述了一位克服语言困难努力工作25年的员工，为了实现自我和家人的梦想不断进取。如图9-19所示，网站的文案都是积极向上、鼓舞人心的话语，例如"工作的力量，让生活变得有意义""认真活在自己人生中的人""工作创造活力"。在网站下方以三位员工的真实经历，引发用户的同理心。网站采用了象征希望的嫩绿色进行设计，通过激情昂扬的文案、强烈代入感的影像以及真实案例，让用户在感动、憧憬、梦想的情感升华中，拉近了与网站之间的距离，加深了情感印象。

图9-17　网站首页视频截图

图9-18　真实案例

图9-19　网站文案与照片

9.5　小　　结

在信息如此庞杂的时代，想要用户在网站体验过程中形成记忆，加深对品牌的印象，从显性记忆和内隐记忆特点出发，一方面可以增强感官印象，通过强化网站内容亮点、创造色彩记忆点、强化听觉记忆点、与味觉相联系、模拟触觉感知、调动嗅觉感知的设计策略，让用户记住重要信息；另一方面还可以通过营造用户熟悉的交互情景、讲好故事、移情设计拉近距离、增加一些反馈设计、让网站变得好玩、结合时事更新的设计方法降低长时记忆的难度，提升用户体验的易用性。在网站情感化设计过程中，应避免设计与营销和用户体验的脱节，要做到既能让网站日积月累地让用户保持好感，也能在网站出错的情况下从容不迫地化解，这就要求我们不能忽视网站的任何设计细节，这些细节往往能提升产品的品质和用户体验，为用户提供难忘的经历和体验。

第10章

打造峰值体验的网站
情感化设计

　　峰终定律是一种心理学现象，是由诺贝尔奖得主、心理学家丹尼尔·卡尼曼研究发现的，研究结果表明人们对于某段经历的记忆通常是受到高峰时刻与结束时刻的影响，就是"峰值"和"终值"的体验最为重要。例如 2022 年的 2 月，我们见证了北京冬奥会的开幕式，其开启了充满中式浪漫的冰雪之约，成为讲述中国故事、展现文化自信的闪耀舞台。冬奥会开幕式成为许多人对 2022 年春节记忆最为深刻的片段，这就是"峰值"效应。网站体验的情感化设计，不仅要引发共鸣、加深印象，还应围绕"峰终定律"，通过实现网站的个性化设计、创造"惊喜感"设计、提升"成就感"设计，让用户得到最佳的情感体验。

10.1 "个性化"设计

个性是吸引其他人抑或被他人排斥的神秘力量,个性充当了情感连接的桥梁,我们选择交往的朋友、恋人,是因为他们的个性非常吸引我们。我们持久的人际关系都围绕着我们独特的人格和观念,我们称其为个性。个性极大地影响了我们的决策过程,因此可以将它作为一个非常强大的设计工具。个性化,顾名思义,就是独特、另类、别具一格。随着互联网产品越来越成熟,底层需求逐渐进化到"个性化"需求,网站带给用户更好的体验至关重要。设计师应该思考网站的"个性化"设计,重视网站的视觉、交互体验层面的个性化、差异化设计,个性化设计可以满足不同用户的使用需求,也能体现出网站的差异化服务。通过提高设计的差异,带给用户更加个性化的体验至关重要,无论是感官体验层面还是功能操作层面,只有带来不一样的体验才能提高用户的黏性,增加用户对网站的好感度。本章我们将结合优秀案例,为设计师们开启新的思路,体现"个性化"的设计创新。

1. 主题化的设计带来差异体验

主题化设计就是在不改变原来设计结构的基础上,根据内容的主题发挥个性化的视觉设计,将一个主题贯穿始终。主题化的设计可以带来差异体验,让用户感到设计师们对每一个设计细节都用心琢磨,即便是数字化的批量生产也依然有量身定制的感觉。网站主题化的设计,需要设计师根据不同内容进行视觉呈现,可以在不改变布局结构的前提下,为用户带来差异化的感官体验。比如京东网站的页面,会根据商品的主题进行个性化的设计,在色彩、图标、按钮和列表等元素上面进行主题化的设计。个性化的设计更能带给用户共鸣感,提高用户对产品的感官体验。如图10-1所示的网站页面,以紫红色为主题色,在左侧美妆商品分类菜单栏上增加了紫红色的商品图标设计。如图10-2所示的网站页面,以冷静的蓝色为主题色,左侧电脑分类菜单栏上采用了灰色的商品图标设计。

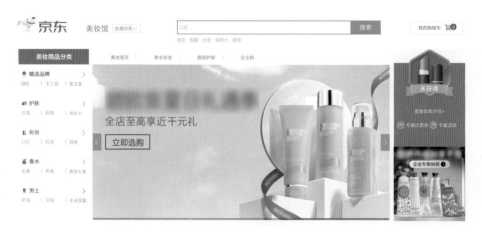

图10-1 京东美妆馆的网页

图10-2　京东电脑办公的网页

2. "动起来"的网页更具有个性

在以静态视觉为主的网页设计中，动静结合的设计更能突显个性。在网站建设中，我们经常都会听到动态、静态网页，但此处所说的"动、静"并不是指网站程序的动态以及静态化处理，这里的"动起来"是指网页设计中，对用户所产生的视觉方面的效果。动态化的网页可以产生引人入胜的效果，吸引用户的目光，让用户感觉到目不暇接，同时，动态和静态产生对比更容易进行情感化的表达，带给用户良好的感官体验。网站应该合理进行动态元素与静态元素的布局，要体现均衡、整洁之感，注意动态元素不能过多，要有前后虚实、面积大小的对比，避免太过夸张、眼花缭乱或者喧宾夺主，让用户眼晕，影响用户的浏览。如图10-3所示，网站采用了以动态为主的设计，背景是动态的视频，提高了网页的视觉感染力，这样的情感化设计更能与用户产生共鸣，增加用户对网站的好感。

3. 让人眼前一亮的设计风格

在扁平化设计风格为主流的背景下，近几年兴起了与之相反的轻拟物化风格、新拟物化风格、玻璃拟物化风格等。这些风格相比主流的扁平化设计风格，保留轻质感的同时贴近事物的物理还原，基本涵盖了核心的界面设计控件，通过良好使用投影、渐变、材质来打造物理化的界面，呈现出一种独特的美感。良好的设计风格可以加强用户对网站的好感度，让功能操作也更加赏心悦目。如图10-4所示的玻璃拟物化风格的网页设计，背景显得非常柔和，无论是动态还是静态的都不会影响前景元素的呈现。同时，位于前景的文本、色彩、UI 控件依然可以保证良好的可读性，"玻璃层"保留了通透、轻薄的感觉，呈现出雅致、诗意、现代的感觉。

4. "专属感"更能触动人心

在个性化的时代，如何才能让网站像量身定制一般？只有当网站触及用户的内心时，使用户产生情感的变化，那么产品也就不再冷冰冰。简而言之，能直接让用户感受到"它真的懂我！"就是触动人心的网站。从细微之处的个性化设计，到完全自定义的体验，这些元素构建了网站与用户之间良好的情感关系。网站并不一定要应用人工智能和大数据才能达到目的，最低技术成本的方式就是让用户自定义一些选项，比如选择喜欢的界面皮肤、字体、转换深色模式等，都可以让用户产生"专属感"。如图10-5所示，新浪微博网页版在右上角以彩色折角提示用户点击，为用户提供了较多的自定义设计，包含封面、卡片背景、展示方式等多种自定义的功能，满足了用户的个性化需求。

图10-3 小红书的官网

图10-4 采用玻璃拟物化风格的网站

图10-5　新浪微博的网页版

5. 结合IP形象强化辨识度

IP形象作为具象化的产物，能够让网站在用户心中建立深刻的品牌形象，当IP形象能够做到足够惹人喜爱时，它自身就会有超越品牌的个性魅力，从而反哺品牌，强化品牌的辨识度，为网站吸引更多用户。品牌IP形象有助于传递品牌价值，提升品牌知名度，通过多元化的形象与用户之间建立情感上的潜在联系，扩展网站品牌的影响力。在网站的一些重点功能的设计上，可以结合IP形象突出功能，以此来提高用户的关注度。如图10-6所示的优酷视频网站，采用了优酷的官方吉祥物形象———只俏皮、爱追星的小猴子"侯三迷"。在登录、扫一扫等功能中都添加了"侯三迷"的形象吸引用户点击，在网站首页推荐视频的最下方，也有"侯三迷"的提示：我是有底线哒。通过俏皮可爱的形象强化了网站的辨识度。

图10-6　优酷视频网站的"侯三迷"

6. 通过"升温设计"凸显个性

个性化的设计可以通过"有温度"的可视化呈现，区别于其他的网站。网站除了在使用体验层面不断优化以外，还需要传递人文关怀，提高用户的认同感。比如一些网站在每次进入时都会有人偶形象打招呼，显得非常懂礼貌，使得用户感受到被尊重，提高了网站的亲和力。通过动态形象进行礼仪表达，不仅提高了网站的关注度，也让用户感受到这是一个有温度的网站。注册应该算是用户比较排斥的操作步骤，但也是不得不完成的步骤。设计师可以通过情感化的设计降低用户的排斥感，让用户在趣味体验的环境中完成注册，从而带给用户更好的使用体验。如图10-7所示，网站在用户注册时，注册界面的IP 形象以打招呼的形式出现，当用户输入密码时IP 形象会从睁眼变成闭着眼睛，趣味化地体现了保护隐私的理念。情感化设计带来了更多"升温"的设计表达，以此推动更加人性化的设计体验。

图10-7　网站注册时的"蒙眼"动画

7. 图形化展示提高辨识度

网站如果采用纯文字的表达显得比较枯燥乏味，特别是当文字内容较多，内容又比较严肃单一时，不免让人排斥。通常网站会结合图标或者图形设计进行装饰，以此来强化关注度和表现力。如果希望网站看起来更加轻松，可以尝试采用图形化的形式进行设计，比如插画、图形、照片等方式，从而提高浏览辨识度。如图10-8所示，网站避免了用大量文字和数据的方式传递信息，运用插画和图形来表现中小企业保险调查的统计结果，提高企业对于购买保险的意识，这种清新、有趣的图形化设计改变不仅优化了网站的视觉感，也能带给用户更好的感官体验，体现出与其他网站的差异。

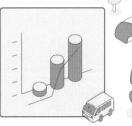

中小企業に必要な保険

事業活動で備えるべきリスクと対策

リスク意識・対策実態調査　⊕

6大リスク　⊕

企業向け損害保険の取扱い保険会社　⊕

有識者座談会　⊕

企業を取り巻くリスクに対する意識・対策実態調査を実施。リスクが多様化し被害が増大する一方で対策を怠っている企業が多いという結果も。あなたの会社は大丈夫ですか？

企業のリスク意識と対策実態を見てみる　⊕

中小企業を取り巻く
6大リスク

自然災害や新型コロナウイルス感染症の流行、サイバー攻撃など、中小企業は予測不能とも言える様々なリスクに日々晒されています。さらに、従業員による情報漏えいやパワハラ・セクハラなど、企業の内部で発生する要因によって損害賠償請求を受けることも・・・。

まずは「企業を取り巻くリスク」と「リスクに備えるための保険」を確認してみましょう。

企業財産のリスク

火災をはじめとする様々な偶然の事故によって企業の財産が損害を被るリスク。　⊕

経営者・役員のリスク

会社役員として行った行為や解雇・ハラスメント等に起因するリスク。　⊕

従業員のリスク

従業員の労働災害について企業が補償金や損害賠償金などを負担するリスク。　⊕

事業中断・利益減少のリスク

休業や取引先の倒産等による貸倒れなどで企業の利益が減少するリスク。　⊕

賠償責任のリスク

顧客や取引先などの第三者から損害賠償請求を受けた場合に生じるリスク。　⊕

社用車のリスク

法人や個人事業主が所有・使用する自動車による事故に伴うさまざまな損害を負担するリスク。　⊕

企業財産のリスク

厨房からの出火により建物が炎上し、約2,000万円の損害が生じた。　⊕

経営者・役員のリスク

従業員が長時間労働を原因として死亡し、従業員の両親から第三者訴訟を提起され、約8,000万円を支払った。　⊕

従業員のリスク

従業員が会社で作業中に転倒し、足を骨折。企業は災害補償として約200万円を支払った。　⊕

事業中断・利益減少リスク

店内で食中毒が発生し、保健所から営業停止の行政措置がなされ、営業停止により約400万円の損害が生じた。　⊕

賠償責任のリスク

店舗内の商品が倒れ来店客にぶつかり足を骨折。慰謝料等、合計で500万円以上を支払った。　⊕

従業…
生さ
入院
など
支払

图10-8　日本企业保险协会网站

10.2　"惊喜感"设计

产品中所谓的惊喜设计是指产品在使用瞬间能够触达用户内心的真实需要，并给用户人性化反馈的一种短暂性愉悦。设计师可通过感官的享受刺激、打破脚本、帮助决策等设计方式为用户创造惊喜的体验。当要为自身产品设计这些"惊喜功能"时，必须先熟悉产品业务，与业务形成关联，才能设计出符合用户关于该产品感知的功能，触发用户的惊喜情绪。当然，设计师是否有足够的敏感度和理性的自我意识，也是非常重要的一点。

如果网站能够满足用户的期待，甚至能够超越用户的期待，相信这样的网站更容易获得用户的青睐。"期待"与"超越"，在网站设计中往往体现为"惊喜感"，那设计师怎么样才能在网站中为用户塑造"惊喜感"呢？惊喜感可以通过重现记忆、增添童趣、智能联结、亲切关怀、向艺术家借鉴、理解与呵护这些情感化设计方式去填补用户的体验缺失感，比如下面这些以情感化设计为起点的案例。

1. 重现记忆

重现记忆往往能让我们感慨万千。比如当我们来到一个熟悉的地方，肯定会被其中一处风景吸引，并唤起某刻在此处的记忆。在网站设计中，找到重现记忆的方式，就是站在用户的角度考虑，在设计上能够有一个吸引用户的所在，因为不同的用户的"记忆点"是不同，所以在设计上，需要多重考虑。记忆点的建立需要建立在信息准确的基础之上传递情感，任何时候，只有和用户之间建立某种感情纽带才有可能继续走下去，如果用户对你是模糊的，毫无情感可言，那么，这将是一个危险的信号，因为在竞争激烈的今天，用户回过头可能就把网站忘记了。如图10-9所示，每一年年底网易云音乐都会发送一份用户的年度歌单，让用户看到自己听歌的心路历程，让人感觉到惊喜。还有网易云音乐直播中如果"收藏主播播放歌曲"，系统会自动提示我们去参与这首歌的故事讨论，这些设计都会让用户产生惊喜的感觉。

图10-9　网易云音乐年度歌单

2. 增添童趣

不论用户的年龄是多少，在他们的心里，一定会保留一份童年的记忆，一些儿童时期的情趣，设计师如果能将童趣应用到网站设计中，一定会带给用户惊喜和感动。如图10-10所示，163邮箱每次发送邮件时，会在发送按钮上配上一个纸飞机的图标和一段文字。把发邮件的过程暗喻成一次纸飞机的飞行，增添了不少童趣，加上配套的音效，让用户每次用163邮箱发送邮件时，都多了那么一点期待。

图10-10　163邮箱的纸飞机"发送"图标

3. 智能联结

如今智慧的互联网帮助人们与他人、与社会更紧密地连接，不仅仅体现在使用的方便和快捷，更大的不同是它们能够更懂你：了解你的喜好、需求，帮你管理与他人的关系，表达你的价值观，执行你的任务，甚至改变你的工作生活方式，不断给你带来惊喜，这些都是由于新技术引发的巨大变化。移动和网络技术改变了人与物之间的联结，人们能够越来越畅通无碍地交流、学习和购物。从本质上来看，数字化和网络重新定义了人与物、人与人、人与社会的"连接"。如图10-11所示，京东商城里的"商品问答"可以向买过的人提问或与之对话。类似的联结还有网易云音乐评论区，如果有音乐人发言，根据位置信息会显示"同城"标签，或者是偶然间收到陌生人的提问或回复，这些设计都会给用户增添一份欣喜和慰藉。

4. 亲切关怀

亲切的方式可以来源于轻松幽默的氛围，如支付宝拉到底部出现文案提示——"我是有底线的"。还有像为用户提供了高效便捷的操作，节省时间，让用户感到很贴心、很亲切，如许多外卖平台"下单备注"时可快捷选择"辛苦您放到门卫处""辛苦您放到家门口地上"等几种常用语标签，礼貌客气的表达省去了我们组织语言的时间，并且能让用户感觉到平台的贴心。另外，一些网站会及时预测用户需求，如图10-12所示，用户在韩剧TV看新剧超过10分钟，会自动将这部影片加入追剧列表。还有一些网站会考虑用户健康，呈现呼吁性的提醒，如视频网站中音量调大后提示"高音量损伤听力"，看视频时间很长也会弹出提醒用户注意休息的建议。

图10-11　京东的商品问答

图10-12　视频网站的自动提醒

5. 向艺术家借鉴

通过设计的美感来打动用户的心，是网站设计师的基本任务。这要求网站必须要有强烈的艺术性、独特的个性、丰富的情感才能让网站可以长久持续地吸引用户。设计师可以借鉴艺术家们的经典艺术作品、艺术形式、艺术风格，让网站在艺术手段的干预下形成独特的审美体验，并将其升华为独特的审美意境，这种艺术的美，可以作用于用户的潜意识，形成难以被察觉的审美情感体验。如图10-13所示的网站,其设计借鉴了蒙德里安风格派绘画的几何感和色彩,体现出了纯粹、抽象的美感。如图10-14所示的网站,其设计借鉴了日本浮世绘的纹样和元素,体现出了传统的美感。

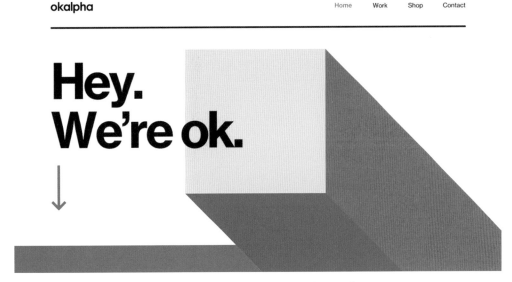

图10-13　借鉴蒙德里安风格的网站

图10-14　借鉴浮世绘的网站

6. 理解与呵护

理解并不一定需要夸张的视觉表达,有时候需要设计师以同理心进行设计,基于用户场景提供给用户关心或需要的信息,并且让信息负载情感,而不仅仅只是传递数据。比如当用户挑选酒店时会关注酒店的周边信息,如酒店距离附近的机场、景点等有多远的距离等。如果设计师没有认真把自己放在用户实际场景中，可能第一反应便是以数字展示酒店与机场、地铁站、景点等的距离——"酒店距离机场28公里"。但实际上这并不会让用户满意的，这些不带感情色彩的数字，会让大部分用户产生"28公里到底是多远的距离？"的疑惑。这就需要设计师将设计语言转化成用户能理解的语言——"酒店距离机场20分钟车程"。如图10-15所示，在百度地图上输入起点和终点，选择交通方式后，会优先告诉用户花费的时间，其次是公里数，然后是途经几个红绿灯，最后是打车的费用。

图10-15　百度地图网站

10.3 "成就感"设计

人的内心深处都有一股力量促使自己取得成功，因此，为了达到自己的目的，为了获得更大的动力，就必须接受更多的挑战。当用户为了达到自己的奖励目的而努力时，可以通过与别人的竞争来展示自己的潜能。很多互联网产品都利用了这一点，像微信运动每天记录用户的步数，并公布每天的排行榜，促使用户更愿意多走路提高运动量，还有像芝麻信用积分等，都体现了用户的"成就感"心理。然而设计师需要注意，虽然人们愿意竞争，但是没有人愿意超越自己的能力范围去争取奖励。网站设计师同样可以利用用户的"成就感"心理，驱动用户对成功的本能欲望，促使用户去和社交媒体上的好友进行竞争，从而提升用户的参与度和满足感。

1. 让用户成为"品味领袖"

在传播学中，团队中构成信息和影响的重要来源，并能左右多数人态度倾向的少数人被称为"意见领袖"，而在文化圈层中的"意见领袖"被称为"品味领袖"，他们从品味选择、文化价值等方面影响参与者的生活方式、思考方式，用户能通过贡献内容惠及他人而体验到成就感。网站尽量让每一位普通的用户都感受到成就感，体会赢家的感觉，特别是带有社交属性的网站，应该设计可以量化的机制和足够多的分享通道，使得最隐蔽的角落的新人也会获得成就感。在很多社交网站中，许多用户都希望自己能成为"品味领袖"，最终通过情感投射的方式惠及他人，实现利他主义。网站可以利用这一点为用户提供成为"品味领袖"的平台和机会。如图10-16所示，这是淘宝网中的"品味领袖"，每个人都可以分享自己的生活品味，如果能有大量跟随者们出于对这些用户的喜爱和对其品味解读的信任，转发、点赞、评论着他们的内容，这就满足了作为"品味领袖"用户的成就感。

图10-16　淘宝"逛逛"中的搭配博主

2. 为用户设立里程碑

研究者发现一个现象：马拉松跑者的用时大多集中在整点，尤其4小时的时候非常明显，形成了尖峰，这就是里程碑效应。大家眼看离整点将近，就会激发最后的能量，加油冲刺一把。在健身房，人们总是给自己设立里程碑，跑步3公里和跑步2.9公里，虽然没有能力上的明显差异，但前者在心理上更有满足感。利用人类喜欢里程碑的心理，我们可以有意识地设置多条"中点线"，它们是加把力就能实现的小目标，每跨越一条中点线，我们就知道离"终点"更近了一步。网站设计也可以向此学习——设置多个里程碑，每个里程碑制定现实的目标，事后为里程碑做纪念。例如很多的网站签到，都设置了连续签到3天、一个星期、半个月，最后是一个月等"中点线"，让用户更容易坚持下来。如图10-17所示，相较于许多学习网站，网易云课堂的进度做得比较详细，不仅有进度条让用户了解，每一小节课时有1/2进程的半圆形图标进行提示，更能激励用户学习，完成学习后看到满格的进度条也更有成就感。

图10-17　网易云课堂网站的学习进度

3. 帮助用户制定现实目标

个人制定目标时也很容易犯这样的错误，比如"我要在2周内减掉10公斤"就很武断，而现实的目标可以改成"我要穿上那条腰围27的裤子"。同样的道理，我们也可以将制定明确现实目标应用在网站设计中。如图10-18所示，教育类网站，像英语学习的常规的目标是：周一背50个单词；周二再背50个单词；周三做1套试题……而现实的目标可以这样设置：周一读篇文章；周二复习昨天文章中的生词；周三试着和外国朋友讲讲这篇文章……制定这样的学习目标就比枯燥的背单词更容易实现，很多网站都设置结合打卡完成目标。

图10-18　英语学习网站的打卡目标

4. 给予用户虚拟奖赏

虚拟奖赏不仅仅能够激励用户，也能够完善用户画像，更加准确地了解用户并引导用户使用网站。用户对于互联网产品的喜爱，很大程度上来自于额外的精神收获。比如QQ的钻石、等级、奖牌、虚拟礼物，微信的点赞、好友互动，电商的积分、抽奖，用户收获的奖杯、徽章等。如图10-19所示的网站也可以建立个人成就体系，为用户带来超越体验的成就感，等级、积分、奖牌、点赞等同样适用。网站可以根据每个用户投入的时间、完成的任务数等，给用户带来成长的快乐和成功的喜悦。比如让用户完成任务获得积分，积分达到一定程度就能获得勋章，勋章有多种形式：勋章、星星、腰带、帽子、制服、奖杯、奖牌等。其实，勋章的目的就是让用户去期待未来的成就，缅怀经历过的成就。比如有些人每去一个新地方就会买一个和当地文化有关的冰箱贴，这样冰箱上就会慢慢贴满标记，每次看到的时候就会回忆起旅行时的美好片段，并且激励我们努力为下次旅行做准备。这种把成就视觉化的方法同样可以用在网页的体验设计上，比如读完一本书，就能收到一枚勋章或者纪念币，并把它们展示出来，这些物品就成了记录在网站进程的视觉标志，从而增加用户黏性，激励用户长久地使用本网站。

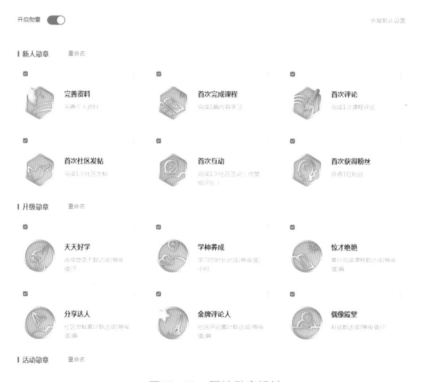

图10-19　网站勋章设计

5. 让用户投入多一点

　　成就感会让人的身心获得一种满足感，它往往源自你努力付出并得到一个令人满意的结果而产生的情感。当我们买回一件家具，自己按照说明书把一堆零部件组装成了一个家具，心里会涌上一股莫名的成就感。越是最大限度满足用户的成就感，就越有助于用户增长，但是过于简单的任务很难带给用户成就感。网站可以直接基于用户的使用数据，根据或简单或复杂的规则，生成能激发用户成就感的图表。比如采用用户使用数据热力图，这些数据都是用户亲手创造的，自己创造的东西，当然会有成就感了。如图10-20所示，这是flomo知识管理平台按照用户数据生成的热力图，这些绿色小格子里颜色的深浅，与每天使用的时长和记录笔记相关，代表着用户每天学习和思考的深度。当用户看到生成的密密麻麻的深绿色小格子，一种莫名的成就感油然而生，从而激励着用户继续使用该网站。在这里也请大家反思一下自己设计的网站，特别是习惯养成类型的是否存在过于简单的奖赏？或者是用户干了一件事，得不到明显反馈，等等诸如此类问题。

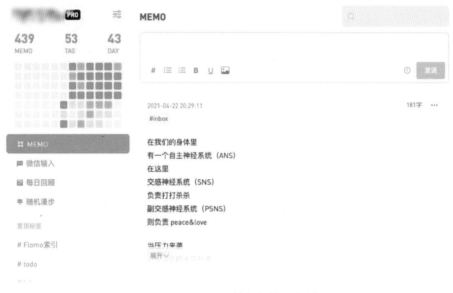

图10-20　flomo的绿色格子设计

10.4　案例赏析：复古风格的海鲜订购
网站的情感化设计

如图10-21所示，这是澳大利亚sea harvest海鲜市场的网站，该网站模拟了报纸的质感，将背景设计为泛黄的颜色，顶部标有当天的日期，当用户单击网页上的ABOUT、PRODUCTS、CONTACT或者ORDER时，仿佛是拿着马克笔在报纸上进行勾勒，这些选项上都会出现如蓝色马克笔勾画的圆圈，为网站增加了报纸一般真实的体验。网站中的图标设计充满了浓郁的复古风格，衬线体字体和图标的设计也体现了历史感，如图10-22所示，网站中最令人感到惊喜之处，就是当用户长按鼠标点击网页时，会惊喜地发现竟然可以用鼠标在网页上进行涂鸦，就像我们童年时期在报纸上"乱涂乱画"一般，充满了"童趣"和惊喜感。网站中还有很多打动人心的设计，如图10-23所示，网站的"GET IN TOUCH""FIND US"以"老式电话"和"指南针"进行设计的按钮图标，复古手绘风格体现出了个性化的感觉。如图10-24所示，网站的订购页面，可以在输入数值后进行上下加减的调整，这样的做法非常贴心，让用户填写起来非常方便。

图10-21　复古风格的海鲜市场网站

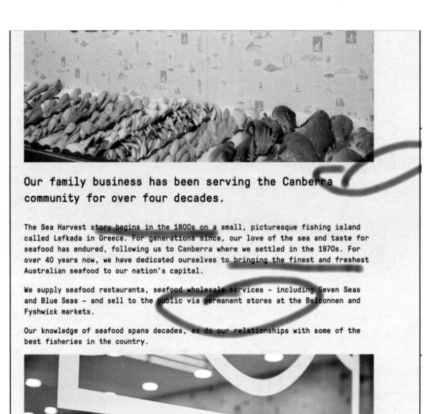

图10-22　网站局部"涂鸦"截图

图10-23　网站图标设计

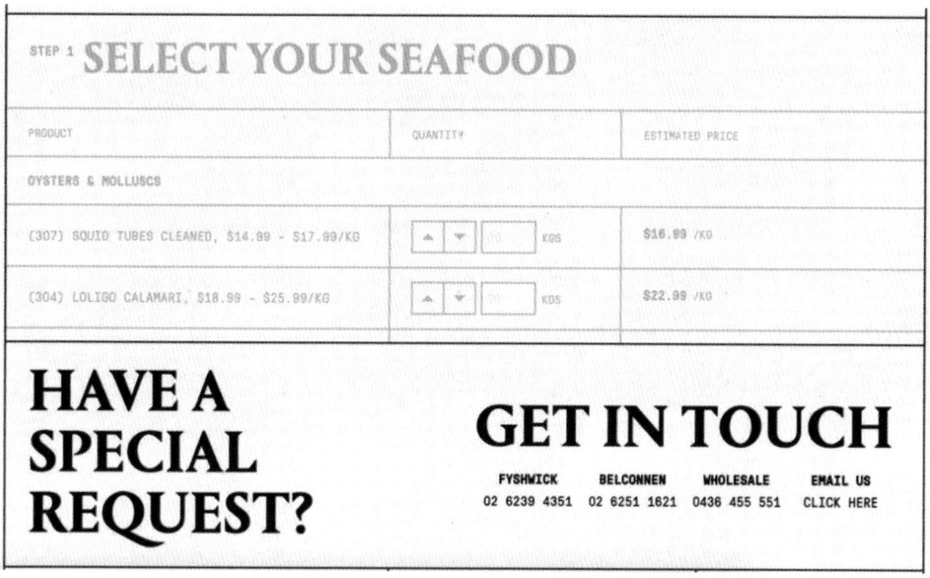

图10-24　网站订购页面

10.5　小　　结

在体验经济时代，除了功能和服务，人们更关注情感体验和自我实现。本章从"峰终定律"出发，提出通过"个性化"的设计、"惊喜感"的设计、"成就感"的设计三种途径打造用户的情感峰值。其实，用户体验的情感化设计没有绝对的标准，语言、文化、宗教、行业、用户群体、潮流，对用户体验都有影响，随着时间的变化用户的感受也会不同。因此，对于不同的用户而言，情感峰值是不完全相同的，体验也是无止境的。我们可以根据共性，针对个性，依照以上的方法为用户精心设计，为用户打造更好的峰值体验，从而让用户感觉更加愉悦和舒畅。

参考文献

[1] 唐纳德·A. 诺曼 . 设计心理学 3: 情感化设计 [M]. 北京：中信出版社，2015.

[2] Aarron Walte,Erin Kissane. 网站情感化设计与内容策划 [M]. 北京：人民邮电出版社，2014.

[3]Dave Wood. Basics Interactive Design: Interface Design[M]. Canada：Bloomsbury Visual Arts, 2019.

[4] 梁景红 . 网站视觉设计 [M]. 北京：人民邮电出版社，2015.

[5] 陈根 . 图解情感化设计及案例点评 [M]. 北京：化学工业出版社，2016.

[6] 隋涌 . 网页文字设计的可阅读性提高方法探析 [J]. 装饰，2010(06).

[7] 乔扬 . 基于包容性设计理论的失能老年人可穿戴产品设计研究 [D]. 华东理工大学，2017.

[8] 周建波 . 基于心智模型的创意平台类网站体验设计 [D]. 浙江大学，2011.

[9] 马倩 . 基于用户体验的互联网媒体易用性研究 [D]. 天津大学，2015.

[10] 靳超 . 基于儿童认知心理学的儿童网站视觉设计研究 [J]. 新闻研究导刊，2019(06).

[11] 董华 . 包容性设计英中比较及研究分类 [J]. 设计，2019(06).

[12] 马楠 . 网页设计中动画设计创意的原则和方法 [J]. 数字通信世界，2017(10).

[13] 彭旎娜 . 情感化设计在表情和旅游纪念品种的应用 [J]. 美术大观，2022(03).

[14] 岳琳，张安琪 . 浅析平面设计中情感化插画的应用 [J]. 牡丹，2021(12).

[15] 李帅，易姗姗，郑仁华，贾羽佳 . 博物馆文创产品情感化设计研究 [J]. 包装工程，2021(11).

[16] 王亚美 . 社交网站界面的情感化设计研究 [D]. 浙江农林大学，2013.

[17] 汪洋璠 . 时尚网站的情感化设计分析 [J]. 大众文艺，2010(17).

[18] 许凯恩 . 基于情感化理论的电商购物网站界面设计研究 [D]. 南京工业大学，2016.

[19] 单丽杰 . 基于情感化理论的定格动画网站设计 [D]. 同济大学，2018.